2017

第 5 届西部之光大学生暑期规划设计竞赛

双修与再生：

南京滨江地区的城市更新设计

中国城市规划学会
高等学校城乡规划学科专业指导委员会 编

中国城市规划学会学术成果

中国建筑工业出版社

图书在版编目（CIP）数据

双修与再生：南京滨江地区的城市更新设计　第5届西部之光大学生暑期规划设计竞赛/中国城市规划学会，高等学校城乡规划学科专业指导委员会编. —北京：中国建筑工业出版社，2018.9
ISBN 978-7-112-22619-1

Ⅰ.①双…　Ⅱ.①中…②高…　Ⅲ.①城市规划-建筑设计-作品集-中国-现代
Ⅳ.①TU984.2

中国版本图书馆CIP数据核字（2018）第200171号

责任编辑：高延伟　杨　虹
责任校对：王雪竹

双修与再生：南京滨江地区的城市更新设计
第5届西部之光大学生暑期规划设计竞赛
中国城市规划学会
高等学校城乡规划学科专业指导委员会　编
中国城市规划学会学术成果
*
中国建筑工业出版社出版、发行（北京海淀三里河路9号）
各地新华书店、建筑书店经销
北京雅盈中佳图文设计公司制版
北京富诚彩色印刷有限公司印刷
*
开本：880×1230毫米　1/16　印张：$7^1/_2$　字数：183千字
2018年9月第一版　2018年9月第一次印刷
定价：**70.00**元
ISBN 978-7-112-22619-1
（32744）

编委会

主　编： 石　楠　唐子来

副主编： 韩冬青　曲长虹　叶　斌

编　委（按姓氏笔画排序）：

王建国　石　楠　叶　斌　曲长虹　吕　斌　吕晓宁
刘博敏　江　泓　孙世界　阳建强　段　进　唐子来
韩冬青

编写组（按姓氏笔画排序）：

王承慧　史　宜　张国彪　陈晓东　邵　典　周文竹
徐　瑾　徐佳伟　陶岸君　曹　迪

序言一

第 5 届“西部之光”大学生暑期规划设计竞赛由中国城市规划学会（以下简称学会）、高等学校城乡规划学科专业指导委员会（以下简称专指委）共同主办，是我国规划领域每年开展的最重要的公益活动之一，是学会“规划西部行”和“青年托举工程”的重要组成部分。

“西部之光”活动面向所有西部规划院校开放，由西部地区的高校组织本校规划专业研究生和本科高年级学生，对真实地块或实际项目进行规划设计实践。“西部之光”活动区别于传统设计竞赛，融教育培训、专业调研、学术交流、竞赛奖励为一体，邀请国内知名学者为参赛师生授课，组织一线技术骨干带队开展专业调研，并开设了多校师生交流环节，旨在推动科学发展理念传播，促进东西部大学规划专业之间的交流，提高西部规划院校教育水平，提升西部规划学子的规划设计水平。

第 5 届“西部之光”活动于 2017 年 6 月在南京启动，活动由东南大学建筑学院、南京市规划局共同承办，竞赛主题为“双修与再生：南京滨江地区的城市更新设计”。来自西部 44 所设置有城乡规划及相关学科的高校报名参赛，报名的参赛队伍达 200 支，参赛师生逾千人。

2017 年 6 月 3 日，第 5 届“西部之光”活动在东南大学正式启动。学会副理事长、中国工程院王建国院士，学会常务理事、南京市规划局叶斌局长，东南大学建筑学院院长韩冬青教授先后致辞。学会副理事长吕斌教授向承办单位授予“规划西部行”旗帜。简短开幕式后，高等学校城乡规划学科专业指导委员会主任委员、学会常务理事、同济大学建筑与城市规划学院唐子来教授，北京大学吕斌教授，学会常务理事、高等学校城乡规划学科专业指导委员会委员、东南大学建筑学院段进教授，东南大学建筑学院江泓副教授，南京市规划局总建筑师吕晓宁，学会理事，东南大学建筑学院城市规划系主任阳建强教授先后为参赛师生授课。6 月 4 日，现场调研活动在南京滨江地区北部长江老码头区附近启动，本次竞赛共有三个备选地块。经过一天的调研，参赛师生于 6 月 5 日上午根据所选地块开展分组讨论交流。6 月 5 日中午，“西部之光”现场培训与调研活动圆满结束。

2017 年 9 月 4 日，来自 44 所西部院校、1159 名师生的 160 份参赛作品参与最终角逐。石楠、吕斌、叶斌、刘博敏、阳建强等专家组成的评审委员会对所有参赛作品进行了细致的评审，来自 14 所西部院校的 22 份作品获奖。其中，由重庆大学建筑城规学院赵强老师指导，邱庆亮、赵之齐、刘雨佳、何依蔓、张亦瑶完成的《双坑活化·北喧南寂》获得一等奖；由重庆大学建筑城规学院李云燕、徐煜辉两位老师指导，洪杨、袁心怡、徐晗婧、冯圣伲设计的《从平台到舞台》获得二等奖，由西北师范大学地理与环境科学学院李巍、杨斌、杨建秀、李启瑄四位老师指导，陈少铧、陈绍涵、薛淑艳、张婷婷完成的《众舍·交互》获得二等奖；西安工业大学建筑工程学院杨大伟、冯小杰两位老师指导，闫睿婧、王晓茹、白雪、杨浩、范书琪设计的《融合》，西安建筑科技大学建筑学院叶静婕老师指导，高靖葆、侯笑莹、孙海婷、岳晨雨、赵晨思设计的《Urban neurons》，云南大学建筑与规划学院杨子江老师指导，汪志堃、荣谦、饶悦设计的《疯狂码头》获得三等奖。所有获奖团队及指导教师均受邀参加了在东莞召开的 2017 中国城市规划年会，并获得学会的一系列奖励资助。

本次“西部之光”活动得到了中国科学技术协会、中国低碳生态城市大学联盟、《城市规划》杂志社、中国城市规划网等单位和机构的大力支持。

中国城市规划学会

高等学校城乡规划学科专业指导委员会

序言二

中国城市规划学会发起的“西部之光”大学生暑期规划设计竞赛到今年已经是第五个年头了。过去四年这项活动都是由西部地区的建筑规划院校承办，对于促进西部建筑规划院校的教学实践交流、教学模式改革、拓展教育内涵起到非常大的促进作用，取得了良好的活动效果，积累了丰富的办赛经验。为了进一步利用“西部之光”活动的平台来开拓西部地区规划专业学生的视野、促进东西部规划院校的教学交流，学会提出了由东部地区来举办第 5 届“西部之光”大学生暑期规划设计竞赛的建议，因此“西部之光”活动第一次走出西部，也成为本项赛事历史上的一个重要的里程碑。

俗话说“读万卷书、行万里路”，“西部之光”活动举办的宗旨就是为西部地区培养一流的城乡规划专业人才，而规划人才的成才过程不仅需要知识和技巧的学习，更需要在丰富的亲身经历中深入社会，其中游历各地、接触尽可能多的城市类型尤为重要。本次“西部之光”竞赛来到东部，让西部同学能够有机会接触不一样的城市以及不一样的城市问题，对于他们成长为优秀的城市规划师是非常有裨益的。东部地区经历了改革开放 40 年来的快速城市化历程，在城乡综合发展水平迅速提升的同时也积累了大量复杂的问题与矛盾，这些问题与矛盾是与东部地区所处的城市化发展阶段相一致的，对于西部地区今后的城市化发展也有很好的借鉴意义。比如，本次竞赛的主题“双修与再生”就是围绕着城市更新这一东部发达城市普遍面临的空间议题而展开的，西部同学通过在东部城市的设计实践项目中思考并破解“城市双修”的问题，不仅锻炼了同学们利用规划设计手段解决复杂城市空间问题的能力，而且这种经验对于他们在走上规划工作岗位之后处理西部城市的发展问题也很有帮助。

本次设计竞赛活动在南京举办，作为著名古都也是东部地区重要的中心城市，南京市近年来面临着产业转型、功能提升、空间再造的复杂挑战。竞赛基地选址在南京滨江地区北部长江观音景区周边，既是南京历史文化名城的重要风景名胜区，也是近代以来重要的工矿区和港口区，面临着生态修复、功能调整、空间再造的复杂任务。竞赛要求参赛者在滨江地区 2.8 平方公里的研究范围内从四个特点鲜明的详细设计地段中选取一个地块进行深入设计，每个详细设计地段中都有非常聚焦的空间发展问题，如工业遗产保护与利用、滨水公共空间营造、旧码头厂房改造、废弃工矿地生态修复等。竞赛需要参赛者在深入实地调研、充分的前期分析的基础上，根据场地特色提炼主题，重点围绕城市修补和生态修复问题总结出空间更新和场所复兴的策略和路径，推动整体空间结构和环境的提升，创造新的城市特色和活力片区。整体的竞赛设计透过一个具体的基地折射出城市更新与功能提升的复杂问题，同时与中央城市工作会议倡导的“城市双修”工作相契合，对于参赛者的思维能力、设计能力、技术运用能力都有较高的要求。

此次竞赛活动由东南大学建筑学院承办，参赛队伍由 44 所西部院校的 160 组参赛作品构成，其中呈现出大量的优秀设计作品。通过本次竞赛，不仅促进了西部建筑规划院校之间深层次的教学合作与学术交流，同时搭建了一个东西部建筑规划院校相互交流合作、共同进步的一个全新的平台，也为东南大学建筑学院提供了一个非常好的机会，让我们能够通过这次活动为助力西部地区的规划教育事业、促进东西部规划教育交流尽绵薄之力，对此我们也深感荣幸。最后，作为承办方，我代表东南大学建筑学院衷心感谢为此次活动付出辛劳的各校师生。

东南大学建筑学院院长、教授

2017 年 8 月 31 日于南京

目 录

佳作奖

最佳设计表达奖

最佳主题演绎奖

最佳调研分析奖

最佳创意奖

主办方及承办方

中国城市规划学会

高等学校城乡规划
学科专业指导委员会

东南大学建筑学院

南京市规划局

参赛院校（按笔画排序）

广西大学
土木建筑工程学院

广西师范学院
地理科学与规划学院

云南大学
建筑与规划学院

内蒙古工业大学
建筑学院

内蒙古师范大学
地理科学学院

内蒙古农业大学
林学院

内蒙古科技大学
建筑学院

长安大学
建筑学院

甘肃农业大学
资源与环境学院

四川大学
建筑与环境学院

四川农业大学
建筑与城乡规划学院
风景园林学院

兰州交通大学
建筑与城市规划学院

兰州理工大学
设计艺术学院

宁夏大学
土木与水利工程学院

吉首大学
土木工程与建筑学院

西北工业大学
力学与土木建筑学院

西北大学
城市与环境学院

西北师范大学
地理与环境科学学院

西华大学
土木建筑与环境学院

西安工业大学
建筑工程学院

西安外国语大学
旅游学院

西安建筑科技大学
华清学院

西安建筑科技大学
建筑学院

西安科技大学
建筑与土木工程学院

西安理工大学
土木建筑工程学院

西南大学
地理科学学院

西南民族大学
城市规划与建筑学院

西南交通大学
建筑与设计学院

西南科技大学
土木工程与建筑学院

西南科技大学
城市学院

西藏大学
工学院

赤峰学院
资源与环境科学学院

青海大学
土木工程学院

昆明理工大学
建筑与城市规划学院

昆明理工大学
城市学院

昆明理工大学
津桥学院

贵州大学
建筑与城市规划学院

重庆大学
建筑城规学院

重庆师范大学
地理与旅游学院

桂林理工大学
土木与建筑工程学院

桂林理工大学博文管理学院

绵阳师范学院
城建系

塔里木大学
水利与建筑工程学院

新疆大学
建筑工程学院

选题介绍

（2017 第 5 届西部之光大学生暑期规划设计竞赛题目及要求）

一、设计主题

双修与再生——南京滨江地区的城市更新设计

二、设计立意

“城市双修”即城市修补和生态修复，是新型城镇化背景下实现城市发展模式和治理方式转型的关键举措。“城市双修”旨在改变过去以大规模新城建设为主导的城市增长思路以及大拆大建为实施途径的城市更新手段，而代之以符合空间发展客观规律的、可持续的、以人为核心的内涵式发展。

南京是著名古都和我国东部地区重要的中心城市，在发展为特大城市的过程中也存在功能失序、生态破坏、土地利用效率不佳的问题。近年来随着城市产业结构的转型和发展方式的转变，南京市大力推动中心城区的城市更新，将环境整治、功能提升、历史保护、场所复兴全面结合，为特大城市的城市更新工作探索出诸多有益的模式和路径。在中央城市工作会议提出“城市双修”实施要求的背景下，本次设计竞赛选取南京中心城区内城市修补和生态修复问题交织的典型地区作为基地，针对场所的空间再生与功能提升开展设计，具有鲜明的特色与时代性。

本届“西部之光”大学生暑期规划设计竞赛的基地位于南京滨江地区北部长江观音景区周边，地处幕府山和长江之间的狭长地域范围。这一地区在南京古代历史上一直是重要的名胜，自六朝以来就是南京地区的宗教圣地，金陵四十八景中有五处都位于基地内及其附近。近代以来，这一地区因为具备滨江的区位优势以及丰富的矿产资源，成为南京重要的工矿区和港口区，工厂、码头、采矿地密集，促进了这一地区的发展，也给滨江风貌带来了不可避免的破坏。随着近年来南京城市发展的重心和思路的改变，这一地区随着工矿的迁出和港口功能的调整，成为历史文明和现代滨江交相辉映的地区以及滨江风貌带的核心地带，面临着生态修复、功能调整、空间再造的复杂任务。在新的城市发展条件和城市更新思路下，如何应对内部更新发展需求，通过场所复兴创造新的城市特色和活力片区，是本地区面临的首要规划设计问题。

三、设计要求

从分析长江滨江地区历史、区位特点入手，对城市景观生态格局、历史文化遗产、功能业态、道路交通等方面进行深入调研，结合南京城市整体发展的要求和滨江地区的有机更新，重点围绕城市修补和生态修复问题对规划研究范围展开分析，根据场地特色提炼主题，总结策略和路径，并选择一处详细设计范围进行深入的城市设计，创造新的城市特色和活力片区。

四、基地选址与规模

本次规划设计范围分为研究范围和详细设计地段两个范围：

1. 研究范围

研究范围位于南京长江滨江地区幕燕段，东接滨江绿道，南至幕府山、老虎山南侧和幕府西路一线，西抵南京长江大桥，北邻长江。总面积约 $279hm^2$。

2. 详细设计地段范围

根据场地条件和特色，划分为以下 4 个详细设计地段：

（1）矿坑地段：东、南至研究范围边界，西、北至矿坑边缘（近似高程 48m 等高线），面积约 $33hm^2$；

（2）港一公司码头地段：东至滨江绿道，南至永济大道，西至上元门水厂规划用地边界，北至江边，面积约 $26hm^2$；

（3）城市阳台地段：东至上元门水厂西边界，西至宝船五路，北至江边，南侧直抵幕府西路，包括中央北路（永济大道至白云路路段）红线两侧外扩约 60m 形成的地块范围，面积约 $40hm^2$；

（4）金陵船厂地段：东至宝船五路，南至桥东街，西至宝船二路，北至江边，面积约 $33hm^2$。

五、成果要求

（1）A1（84.1m×59.4cm）版面的设计图纸 3 张，每张图纸都要用 KT 板各自单独装裱，不留边，不加框。

（2）表现方式不限，以清晰表达设计构思为准。

（3）每份设计作品请提供 JPG 格式电子文件 1 份（分辨率不低于 300dpi）。

（4）每份设计作品请提供包含 JPG 作品文件的刻录光盘 1 份。

（5）设计图纸上不能有任何透露设计者及其所在院校信息的内容。

（6）参赛设计作品必须附有加盖公章的正式函件同时寄送至本次竞赛活动的组织单位。

竞赛活动参赛院校名单（按笔画排序）

（2017 第 5 届西部之光大学生暑期规划设计竞赛）

序号	学校院系
1	广西大学土木建筑工程学院
2	广西师范学院地理科学与规划学院
3	云南大学建筑与规划学院
4	内蒙古工业大学建筑学院
5	内蒙古师范大学地理科学学院
6	内蒙古农业大学林学院
7	内蒙古科技大学建筑学院
8	长安大学建筑学院
9	甘肃农业大学资源与环境学院
10	四川大学建筑与环境学院
11	四川农业大学建筑与城乡规划学院 / 风景园林学院
12	兰州交通大学建筑与城市规划学院
13	兰州理工大学设计艺术学院
14	宁夏大学土木与水利工程学院
15	吉首大学土木工程与建筑学院
16	西北工业大学力学与土木建筑学院
17	西北大学城市与环境学院
18	西北师范大学地理与环境科学学院
19	西华大学土木建筑与环境学院
20	西安工业大学建筑工程学院
21	西安外国语大学旅游学院
22	西安建筑科技大学华清学院

序号	学校院系
23	西安建筑科技大学建筑学院
24	西安科技大学建筑与土木工程学院
25	西安理工大学土木建筑工程学院
26	西南大学地理科学学院
27	西南民族大学城市规划与建筑学院
28	西南交通大学建筑与设计学院
29	西南科技大学土木工程与建筑学院
30	西南科技大学城市学院
31	西藏大学工学院
32	赤峰学院资源与环境科学学院
33	青海大学土木工程学院
34	昆明理工大学建筑与城市规划学院
35	昆明理工大学城市学院
36	昆明理工大学津桥学院
37	贵州大学建筑与城市规划学院
38	重庆大学建筑城规学院
39	重庆师范大学地理与旅游学院
40	桂林理工大学土木与建筑工程学院
41	桂林理工大学博文管理学院
42	绵阳师范学院城建系
43	塔里木大学水利与建筑工程学院
44	新疆大学建筑工程学院

优秀组织奖院校

（2017 第 5 届西部之光大学生暑期规划设计竞赛）

	重庆大学建筑城规学院	1. 双坑活化 · 北喧南寂——基于功能植入和生态再塑的矿坑遗址公园城市设计 2. 从平台到舞台——基于片区激活发展的网络体系构建设计 3. 轨市 · 未来城市范式——基于多产业迭代的传统工业遗产活化设计 4. 跳跃与飞翔——幕燕滨江极限运动触媒孵育计划 5. 行慢连城——连接理论下慢行多态系统构建 6. 生命共同体——基于生态伦理学的全生命周期生态修复和区域更新
	西安建筑科技大学建筑学院	1. Urban neurons——以联系、体验为主题的城市神经网络构建 2. Re-Urbanization——基于网络互联的城市双修 3. 敬佑荣光——基于老职工关怀的金陵船厂更新规划设计
	内蒙古工业大学建筑学院	1. 老刀的后半生——社会公正下的城市更新设计 2. 时过境迁 · 时连境生——多元语境下的南京中央北路地段规划设计

获奖院校释题

（2017 第 5 届西部之光大学生暑期规划设计竞赛）

重庆大学

广西大学

西北师范大学

云南大学

西安工业大学

甘肃农业大学

西安建筑科技大学

昆明理工大学

长安大学

四川大学

内蒙古工业大学

重庆大学 Chongqing University

游乐喧活 · 苍野清寂

“江南佳丽地，金陵帝王州。”南京作为千年古都，大量文化遗产留存，古城与自然协调融合，顺势而为，山水城林。民国时的文化碰撞更对其留下深刻的痕迹：大学校园严谨开放的学术氛围，颐和路的民国建筑，或是茶馆文化，如今的南京处处皆是历史的韵味。

矿坑位于南京滨江区，地处林木葱郁的幕府山内，是介于城市滨江开发区和历史文明城区的工业遗留地带。始于 1950 年的大规模采矿削峰为谷，留下双坑形态的矿坑。近 30 年的生态修复基本做到了坑内复绿，独特的地理环境与自然生长的植物创造了现代都市区所缺失的自然清寂之美，但其生态环境脆弱，亦是文化氛围和城市功能缺失的“僵化”地带。

为保留场地特质，重塑文化氛围。基于空间特点，北坑植入趣味活动，衔接滨江开发区；南坑注重文化体验，融入城市文化生活，形成北喧南寂的格局；同时建立遗址纪念馆保留城市历史，规划山行步道再寻幕府登高之雅韵，寻求清幽之境和城市活力之间的平衡点，达到矿坑“活化”的目的。

北部入口部分通过上山步道 - 隧道 - 入口平台的序列，营造豁然开朗的氛围，引入滨江休闲空间的游乐人群。为激发北坑活力，在入口高程沿岩壁环形设置主园路，建筑以单元格网形式依次向下悬挑，将动态活动设在建筑内部及屋顶空间，营造活跃的气氛。而坑底在生态多样性塑造的同时引入季节性水系和林间小路，植入多种形式的游览活动，提升底部活力。

南坑部分，底部规划了人工干预下的自然演替，在不影响现有苍野意趣的前提下，使之在远期形成较为完整的生态系统。主体建筑采用覆土形式，将活动隐藏在岩壁内部，减少对地上景观氛围的干扰，同时在岩壁设置观景台、窗，让室内使用者也能感受到南坑的清寂氛围。

快速发展的今天，空间的历史性和人文性逐渐消失。我们认为发掘场地的历史与文化美学价值比植入单一社会功能更具有生命力，此方案实际是一个在传统文化和空间意蕴共同影响下，空间体验性与审美性共存的设计。基于南京城市背景和矿坑场地历史，我们试图找到空间美学与功能共存的最优解，亦是对复兴空间的历史性和人文性作出尝试。

西北师范大学

基于网络架构的单元盒子—日常生活的公共塑造

基地位于南京市长江观音景区周边，地处幕府山和长江之间的带状区域，滨水自然景观与金陵文化地景在场地呼应，形成特有的江、山、洲、渡、佛等文脉线索。近代以来，这一地区因具备水运优势以及矿产储藏，工厂、码头、船厂、采矿地等集中分布于岸线和山体区域，成为南京重要的港口和工矿区。开掘与建设、落户与生计、时代与记忆的痕迹，在历时变革中刻画积累成为当下城市自然生态系统的薄弱区、城市社会空间的失落区和城市经济空间的转型区。讨论南京在人居三中所提出“人人共享城市”的共同愿景，如何焕发场地的文脉性、激发社区的包容性、促发城市的公共性？成为本次设计的关键。

（1）焕发场地的文脉性：场地修复是跨越时空的修复，是历史在同一空间历时积累结果的再认知，也是谨慎对待历史景观和现状景象的设计史观。对于具有地方记忆和公共认知的空间进行修复，需要关注能唤起地方归属感和自豪感的场地讯息，而城市阳台地块内上元门、吼子洞、老虎山、幕府山、长江渡口、金陵船厂等成为可被标识和再呈现的文脉线索。将明确文化意义和时代记忆的遗迹、影像、记忆等，以技术方式转化、以景观方式落地，是焕发城市轴线北端的历史文脉的关键。

（2）激发社区的包容性：“建设公正、安全、健康、便利、负担得起、有韧性和可持续的城市和人类住区”是人居三《新城市议程》提出的未来愿景，而人人共享到包容人人，是时代变革中的社区更新和修复的解决出口。新老上元里小区、幕府三村、白云新寓小区、自来水公司小区等均代表着不同产权、社群、建筑形态的社区类型，改善所有人的生活质量是社区维度修复的目标，而关联社区内部个体的参与感、归属感、拥有感和幸福感是社会空间修复的关键。

（3）促发城市的公共性：城市社会的公共性，一方面在后互联网时代被解构，另一方面网络社群公共性同时又在线上重构，以“圈子”为触媒的互联网关系成为人际交互突破点。新语境下“线上线下”的社会认同和空间诉求，成为城市公共空间在日常生活之外的公共呈现，而选择以“盒子”为模块空间单元，为其提供空间响应多元方案。旨在引导“线上”向“线下”转化，激发城市新公共联系、新公共组织和新公共空间的活力，是实现多元、共享、交互的公共空间修复的关键。

西安工业大学

有机更新 空间融合

自“三亚模式”的城市双修登上规划舞台以来，笔者作为一名规划的从业者和教育者一直在关注，并思考一个问题：什么是具有时代特色而又符合文化传统的城市双修？城市双修的内涵，如功能、机理、理念、模式等又如何界定，与我们多年来受到的规划教育，以及正在实施的规划教育又如何衔接？正是在南京这样一个具有千年历史的六朝古都，给我及我的学生提供了一个认识城市、感知城市、理解城市的机遇及途径，也让我们认真的去思考城市双修、城市更新、城市设计这些术语的博大精深的内涵及外延。就城市双修而言，重点在于转变城市发展模式，通过对地块认真、科学、有效的分析，有计划、有步骤、有方法的针对问题，提出城市发展的新理念、新思路和新内容。换句话说，这是充分落实可持续发展和科学发展观的有效方式，也是从粗放型、外延性和低效型的城市发展模式，转变为精细型、内涵性和高效性的城市发展新途径。基于此，我们进行了以下的探讨：

1. 生态功能修复。从现状情况可以看出，区域内的生态环境相对比较脆弱，也缺乏相应的景观性和开放性。功能修复的重点，就是通过设计不同场所，不同尺度的生态空间，使其从地块级到区域级，都具有明显的景观性和开放性。从规划角度来说，生态功能是基础及约束性条件，应着力重视。

2. 城市机理修补。机理代表了城市科学、有效发展的运行规则和原理，是城市发展的关键性要素，从地块中看出，传统的机理在衰退，而新兴的机理在增长，人们对于美好生活的需求必将在城市中得以反映，只有理解、掌握城市自组织的发展过程，才能沿着城市发展前进的步伐，实现规划与现实之间的融合，达到自适应的发展结果。

3. 文化理念传承。文化是一个民族、一个国家的魂，通过对地块文化的清晰、有效的梳理，就是为了找到文化的内涵及精髓，回答关于文化的三个问题，即什么是文化？怎么做文化？文化做什么？我们从当地文化的理念入手，以工业文化、生活文化、山水文化为突破口，希望找到最能适应当地需求，最能代表当地特色，最能服务当地居民的文化符号。

4. 更新模式重构。我们从主体要素入手，讨论更新的内容和步骤，落实城市更新的核心内容，选择能对区域产生影响的建筑、街道、屋顶、墙体、轴线、构件等要素，进行系统升级和要素整合，力求以此为突破口，逐渐完成城市更新，最终引导规划区由“单一的空间”向“复合的空间”转型，完成城市更新的艺术化重构。

西安建筑科技大学 Xi'an University of Architecture and Technology

建立联系塑造空间，丰富体验创造生活

借助“西部之光”竞赛的机会，我们团队得以深入调研、感受、体会南京这座拥有者6000多年文明史的悠久城市。行走在南京城的街道中，不同年代的建筑仿佛为现在的人讲述着属于它们那个时代的南京城的故事。而本次调研的基地——南京市滨江地区也拥有着同南京城一样的悠久历史，自战国时期开始，幕府山与长江共同构成了南京城北侧最稳固的“天险”守护着南京城。发展至中华人民共和国成立以后，滨江地区又摇身一变成为南京市重要的工业区与矿产资源采集地区，幕府山盛产的白云矿成为帮助南京市经济快速发展的财富，滚滚的长江水也为南京市工业产品的运输提供了便利的交通条件。

然而滨江地区发展至今，暴露出许多不同方面的问题。对幕府山矿产不断开发采集使得山上植被破坏严重、土壤大量流失，生态系统遭到严重破坏，昔日直入云霄的北方屏障如今只剩残败之躯，仿佛一位生活重压下的沧桑老者。同时由于南京城市的不断扩张，几十年前处在城市边界的工业区现在已经成为城市中心区的重要功能组团，而原有的工业厂房、港口码头已经不能满足现在的城市功能。总之，南京滨江地区的更新改造势在必行。

本次竞赛的题目“城市双修”表现着对自然资源的重视，对老旧城市空间改造的决心和对城市历史的尊重。城市双修之于南京市滨江地区，修的是人类对幕府山生态的破坏；是不适应城市结构的工业空间；是不舒适的人居环境；更是过去对自然资源肆意开采的错误意识。然而修复并不是单纯的先拆后建，这里有着令人难忘的无数人的记忆，拥有着钢铁力量的工业厂房使一代人用一辈子投入其中，现在看来破旧不堪的码头遗址曾有成百上千人热火朝天在此工作，破坏严重的矿坑也有大量劳动人民为了国家的发展洒下了汗水。

城市双修，不仅要修复城市生态，重现永济江流、幕府登高、燕矶夕照等绝美景色；更要尊重工业记忆，使后人可以了解到上一代人投入一生心力。不仅要修复不合理的城市空间；更要构建完善合理的社会生活方式。城市双修，是对城市历史的尊重，对城市当前的完善，更是对城市未来的美好展望！

长安大学 Chang'an University

激发引力，重塑船“场”

“城市双修”即城市修补和生态修复，是新型城镇化背景下实现城市发展模式和治理方式转型的关键举措。本次竞赛四个设计基地均位于南京滨江地区北部长江观音景区周边，近代以来，这一地区因为具备滨江的区位优势以及丰富的矿产资源，成为南京重要的工业生产聚集地，在促进了这一地区的发展。同时，也给秀美的滨江风貌带来了不可避免的破坏。随着近年来南京城市发展思路的改变，这一地区随着“退二进三”产业功能的调整，未来将成为历史文明和现代滨江交相辉映的地区以及滨江风貌带的核心地带，也面临着生态修复、功能调整、空间再造的复杂任务。而长江沿岸与工业遗产也是四块基地的共同特点，我们也从这两个方面出发对城市“双修”进行了探讨：

在“城市双修”的背景下，长江南岸原有的工业职能对城市以及长江沿岸的生态带来的消极影响逐渐得到重视。随着南京产业转型，长江南岸的工业生产功能逐渐消退，面对市民大量的交往、休闲、锻炼的需求，未来取而代之的必将是现代服务业，这也决定了滨江空间将变成这座城市最闪亮的地块。而幕燕滨江地区的这 12km 之内，既有像金陵船厂、港一公司这样的大型工业遗存，也有像矿坑这样亟待恢复的小型山体，如何运用现有工业遗存、恢复生态环境；如何通过设计手法完成功能更新；如何让这 12km 甚至更长的江岸融入南京的城市生活；如何让人们可以方便、顺畅地到达并穿行在这之间；又如何让这里与秦淮河具有差异化发展而富于吸引力？这就是基地江岸正在面对的重要命题。

工业遗产相对于文物古迹来说具有其独特的文化价值，它代表着一次次的技术进步、记载着人类现代城市的产生过程、反映着城市生活的集体记忆。在以往“大拆大建”的城市建设过程中，工业遗产往往“一拆了之”。目前，城市规划开始进入到“双修”、重视保存城市记忆、全面推进微更新的时期。工业遗产从“以拆为主”到“以保留为主”也面临着一系列问题，以金陵船厂为例：如何评估、确定工业遗产的保留价值；如何保留工业场所精神、融入现代城市肌理；如何植入新功能创造社会价值、增添社会福利；如何……总之，“双修”工作中的工业遗产保护与改造需要立足城市需求，营造具有地域特色的城市空间。

内蒙古工业大学

拼贴 · 折叠 · 融合

在新型城镇化背景下，“城市双修”是实现城市发展模式和治理方式转型的关键举措，摈弃以往的大拆大建的城市增长思路，转变方式，顺应事物发展规律，科学合理的再生城市失落空间。此次设计地块选择在南京滨江地区北部长江观音景区周边，这一地区是南京重要的工矿区和港口区，码头、工厂、采矿地密集，具备滨江区位优势和丰富的生态资源。但是由于长时间的工业化发展，给这一地区带来发展，同时也给秀美的滨江风貌带来了污染与破坏。

在国家提出“生态修复、城市修补”的城市双修政策下，我国城市面临着新旧更替、产业转型的困境，工业遗留下来的生态问题亟需寻找解决措施。梳理南京市滨江地带产业搬迁遗留问题，积极吸收、保留、利用、创新有价值的历史记忆，转换思考方式，以工业遗产处置和遗留生态问题为导向，针对性地去引导。采用调查研究、对比分析的方法，对地块的生态修复从“总体规划、工业遗产保护、生态修复技术”三个层面提出解决措施与策略。

（1）总体规划层面：根据功能废弃、建筑老旧、可达性差等现状，对地块进行更新规划，最先应该确定整个区域的空间结构，也需要进行功能置换、景观生态修复、交通道路整合等措施，整合和创新区域功能，激活片区，并且合理利用优越的滨江环境资源优势，期望达到土地集约利用和生态修复的规划目标。

（2）工业遗产保护层面：景观设计与工业遗产利用相结合，首先建立工业遗产的评价体系，对工业遗产中的“拆改留”建筑和室外构筑进行区分，以便更新改造；其次建立景观设计的分级体系，可分为产业风貌特征、结构利用和空间利用景观，并对其是否需要突出进行分级。

（3）生态修复技术层面：从微生物修复技术、水体的植物修复，以及细节设计上，滨水区域应该设计一些适合水鸟、小动物、鱼类栖息的自然湿地生态环境，在下层可以布置芦苇、水芹菜等喜水植物，构建层次丰富的自然水生生态，丰富视觉景观。

滨江带的生态修复是一个综合性的研究对象，需要多层次、多因素去考虑分析。从上位规划、工业遗产保护和景观生态修复技术层面寻找措施，探寻出工业遗产与滨江生态修复的规划与设计策略，针对性地提出相应的解决方法和指导原则。

广西大学

2R 金陵 趣城计划

本届“西部之光”主题为“双修与再生”，选址南京，四个地块均包含退二进三的城市更新内容，包括矿坑、码头、造船厂三种主要类型的工业遗迹。在竞赛的启动会、现场考察、调研汇报等环节，我们均接收到被反复强调的一个信息：“注重南京历史文化”。起初组员是疑惑的：工业遗产的改造如何能体现南京的传统文化呢？经讨论，小组认为，工业的发展变革，本身就是南京城市发展的一个坐标点，工业遗产的保护与利用本身就是南京历史文化发展的一个转折与新起点。由特色文化与城市发展建设需求推动基地的性质定位，进而选择适合定位的功能植入，策划符合功能需求的活动、组织活动需要的空间场所，基本遵循以上的规划设计思路，设计小组就以下几个问题开展任务解读和设计要点提取：

1. 历史性的眼光：文化挖掘，有什么特色文化？——突出工业文化

南京是唯一一座坐拥大江河与中国近现代重要工业遗产的六朝古都。南京又是中国八大古都中唯一坐拥长江的都城，是近代洋务运动始发地之一、中国最早民用与军用工业中心之一。本次基地是南京市唯一靠山临江老工业区域，有多项工业历史纪录。因此，主要特色是历史底蕴、工业文明、山水文化，尤其突出工业文化。

2. 全局性的视角：城市发展建设需求是什么？基地性质定位是什么？——提高视角

从上位规划及相关规划中可解读到：基地区位优势突出、规划起点较高但具体定位有待明确。从城市发展需求分析看，地区级公共中心缺乏，城市生活型岸线缺乏，城市有大量工业用地退二进三，南京总规拟使旅游业成为南京战略性支柱产业。综上，小组大胆设想基地建设成为新城市文化区、城市门户区、城市地区级公共中心、国际旅游目的地、工业遗产保护和利用示范区。在此定位指导下，活化工业遗产的类型、内容与模式便成为下一步的具体工作。

3. 整体性的观念：设计范围是哪里？——研究范围内统筹考虑

“城市双修”，生态修复旨在通过一系列手段恢复城市生态系统的自我调节功能，城市修补旨在使城市功能体系及其承载的空间场所得到全面系统的修复、弥补和完善。在这个过程中，任何一个地块都与周边环境产生联系与互动、相互影响，每个地块的发展皆需要周边地块多功能的支持，因此应该将研究范围内的用地统筹考虑，设想主城区、鼓楼区的纵向联动，以及与宝船厂等滨江工业区、燕子矶等地区中心的联动，并在功能上差异化。

4. 价值观的博弈：为谁设计？什么样的社区？——注重公共生活

南京市“退二进三”的过程中，原来的工业社区发生重构，生产型社区向生活社区转变，社会群体将多元化。是成为新城市文化生长点还是成为“绅士化”式更新的又一试点，关键在于公共生活的容量。基地将承载普通市民的休闲生活，也将承载文创群体的文化活动，既要突出特色文化也要重视城市生活。因此面向哪几种人群、组织什么样的活动，进而安排什么类型的空间，是设计要解决的重要问题。

5. 详细设计的挑战：如何切实落实到空间？——关注细节

真正让设计可行受用，细节是不可忽视的。用地狭长、路网密度不足、矿坑与外部交通如何打通、长江有血吸虫的情况下是如何创意亲水、被水厂分割的基地东西部如何进行对话和互动、工业遗产建筑的利用等，成为组员们需要认真思考的问题。

云南大学

因蹈自然，融新重生

该竞赛场地主要包括南京市幕燕滨江风貌西片区的四个区域：白云石矿坑、长江港一公司码头、金陵船厂、城市阳台地块。本次设计以该片区的整体开发作为前提，统筹四个地块之间的关系。

白云石矿坑地块原为露天采矿用地。我们计划将其与幕府山整体定位为公园绿地功能。在总体用地性质仍为综合公园的前提下，将此地块设置为以矿坑为主题的乐园。通过研究主题乐园的业态分布，考虑各类主题乐园的开发模式，在该地块中增加主题酒店、主题商业、旅游服务中心等配套服务。

原港一公司地块，为进一步高起点标准规划建设好滨江风光带，使其成为彰显南京滨江城市形象和活力核心岸线，成为南京滨江门户地、市民休憩地和游客目的地，我们计划将其细化为文化、展览、休憩的多重功能，并计划在该地块内设计工业博物馆、私人展览中心、主题商业和部分主题办公功能以满足该地块作为滨江门户的设想。

金陵船厂是中国外运长航集团旗下最大的造船骨干企业，留有大量工业遗迹和部分文物保护单位，对其的开发利用既要在保护中求发展，又要在发展中求创新，协调好历史文化与经济发展的关系。

该地区的开发，不可能仅依靠现有的燕子矶、观音阁等存量景区，必须重新打造对市民的吸引力，做出增量。而且在客源目标上，必须立足南京，放眼于全国，不能满足于建成一个只为本地市民服务的休闲旅游文化产业区，必须对远程游客具备吸引力，突出整个地块在南京滨江带中的差异性、唯一性，寻找南京旅游产品、文化产品体系的空白点。

甘肃农业大学

新矿之神怡，达摩之掌星

遥想当年达摩一根芦苇渡江之所向高处，现已因富有白云矿藏，由至高而到至低。而达摩所传禅宗也经历六祖而衰微。沧海桑田，但其神仍在。用一高达 200 余米的“达摩之星”，既可从象征意义上恢复此山之高度，也可依此表达禅宗之心火不灭，并与此区域其他达摩遗迹相呼应。从江面上看来，首入眼帘的即为此熠熠闪闪的灯火，恍如当年达摩渡江时所见的那山的高处。此设计点为全地块的核心景观，起到点题的作用。周边攀附的人行步道错落平行于未开挖前的等高线，其上标注等高线高度，使人依此寻觅想象此山原有的山形面貌。

坑内人工建植的树木与植被自然演替过程相互作用，形成了矿坑独有的人工而又更富自然形态的植被群落景观。植物类型多样，景观层次丰富，在区域内殊为难得，实不忍用过多的人工建筑将其改变。所以在核心区域内选用架空步道来进行连接，将有规模的建筑构筑物尽量置于边缘林带与山体裸露的部分，既避免破坏现有的景观，也可对嶙峋裸露的山体做些修饰。如音乐台的位置选择，就是利用靠江的山顶平缓之处，作为主要建设区域，也考虑了利用矿壁来作为音乐台的一部分。

矿山地块从景观层次可划分为三个部分：东南部开阔，中北部曲折，西北部茂密幽深。在总体设计中，东南部仍让其开阔高远，通过“达摩之星”，架空步道，近山游廊来进行景观的提炼集中，用湿地植被和环山乔木做上下的景观背景；中北部靠江临江，树木高度 10 余米，疏朗有致。用高高低低或架空或地面的步道环形其上，端点似蝌蚪头皆朝向音乐台，供人驻足欣赏。音乐之声与江涛拍岸之声混而涌来，人亦趋而向之，最终的视觉焦点定格于音乐台上；西北部采挖较深，植树时间也较长，所以树木最为高大，林密难行，此处寻较窄处建一吊桥，此桥在林中空中若隐若现，最吊人胃口。吊桥两端仍用架空步道与其他景观相联系，让人望而观景却不踩踏破坏。

总而言之，用达摩之星和等高线步道来回望历史；用架空步道的方式来保护本区域难得的自然植被景观，即保护现在；用融入自然江山景观的露天音乐台来陶冶游人心灵，以期待未来更美好。这是我们此次对矿坑设计地块的认知与设计思路。

昆明理工大学 Kunming University of Science and Technology

时空之间 · 整体之法

“城市双修”的提出是在“存量规划”时代对“创新、协调、绿色、开放和共享”五大发展理念的具体落实。南京作为我国历史上著名的古都之一、华东地区的特大城市，其深厚的历史文化积淀、快速的经济发展和良好的山水格局成就了其城市发展过程中的辉煌。但面对城市的转型发展和永续发展的命题，如何在有限的空间中通过腾挪、置换和修复修补等手段，达到发展的适宜效益是值得深思和反省的。“城市双修”是政策策略，也是目标手段，但如何实现具体地段的更新，一定要从城市整体出发，“时空的整体性”是实现城市片区更新成功的重中之重。同时也要注意“城市双修”的价值观导向，作为人居环境改善的新思路和新策略，“城市双修”的出发点是“人本主义”，即城市生态和城市功能的修复和修补的出发点和落脚点都是“人的需求”，表现形式是“城市活力”的提升。所以“双修”又是“三修”（城市功能、城市生态和城市活力）。

本设计从现场调研情况和上位规划来看，基本明确了设计地块在南京市属于“绿地”的定位，考虑到地块特殊的山水格局，形成了重塑“江山”的整体构想。基于此，需要从区域整体层面和规划区局部层面两个方面进行探讨：

一、区域整体层面。从整体出发，视野放宽到整个铁北片区，甚至是整个南京市来考虑。设计用地长期活力不足的原因是什么？上位规划对其公园绿地性质定位该如何落实并实现活力的目标？问题的林林总总都需要在整体的视野下考虑这些问题。以满足人的行为的连续性和整体性及城市空间安排的整体性效益最大为设计目标，需要通过“时间和空间”两个维度的梳理来建立有效联系。以连接理论、场所理论和“城市意象”等理论作为城市设计的理论武器，建设幕燕风光带与长江滨江风光带的联系，合理确立绿地服务半径，借助南京市北崮山、老虎山、幕府山等自然山体和生态廊道，串联各绿地斑块的“点”从而形成“线”，进一步织补城市的整体绿化网络，构建南京市的大公园系统；构建具有人文历史的空间场所和从大区域范围形成特色鲜明的意象空间。

二、规划区局部层面。局部层面也力图通过整体、共享、开放和特色鲜明

等思想进行落实。规划用地现状多为暂时闲置用地，功能单一，与周边基地联系较弱，主要依靠北侧慢行道与南侧机动车道与其他地块联系交通，但缺乏与幕府山和滨江带之间的联系，整体性较弱，且目前的山水格局形式几乎被破坏。挖掘场地的人文要素和场地内现状中值得保留的建构筑物，同时设计还必须呼应场地内独特的“江山格局”来组织设计语言。

从“空间和时间”两个维度梳理和构筑场地的功能和空间组织，使之与更大的区域形成整体，是“人本主义”的“城市双修”需要很好把握的地方。

四川大学

城市实验 未来生活

兴盛与衰败周而复始，贯穿城市发展进程。三十年的快速城镇化，带来了辉煌的建设成果也使城市肌体面临腐坏的压力。城市更新在当前中国急速变化的社会经济环境和技术进步条件下面临更多的、前所未有的挑战，越是复杂、越是紧迫的时候就越需要静下心来重新审视，使用者的需求如何在空间正义和效率优化的基础上进行合理化的表达？城市发展需要的不仅仅是空间活力的简单复苏，而是更高层次的资源集约化和空间生产能力的提升。与此同时，我们时刻也不能忽视生态环境的修复和人居条件的改善。

基地位于南京滨江地区北部长江观音景区，20世纪50~60年代曾作为白云矿石开采基地，20世纪90年代停止开采并荒废至今。为了实现城市双修的目标，设计试图在以下几个方面进行探讨。

1. 过去—现在—未来。目前地块内的生态环境脆弱、生物多样性匮乏，生态环境保护与修复无疑是亟待解决的问题。设计试图从时空两个维度、以生态修复手段为线索贯穿地块的现在与未来，将其建设成一个生态保护与修复的天然实验室（Living Lab），一个依托于幕府山 - 长江自然环境的具有科研、科普、观光等功能的城市绿地。

2. 空间—人群—事件。城市修补不仅仅是空间质量的提升，人群活动的设计也是城市修补的重要部分。通过活动和事件设计对目标人群进行引导，构建合理有趣的活动流线，以活动为平台使行为活动特征不同的人群在设计地块内实现融合与交流。

3. 解剖—修复—再生。作为以生态修复为主要目标的矿坑修复设计，生态修复手段自然是重中之重。借助GIS技术剖析现状环境，采用多维评价因子探知其生态敏感度，并以此为设计依据，从雨洪管理、生态多样性修复、土壤涵水力修复、生态廊道设计等方面进行具体设计。

4. Lab—Living—Lasts。Lab的概念和功能贯穿整个建设过程并将一直与地块共存，Living Lab作为交流和展示平台将城市居民、高校研究人员、观光游客、中小学生等群体紧密联系起来，将整个生态修复与建设过程作为公众参与的活动主体，引导人群共同参与设计，分享设计成果，同时也保证了地块价值的活化（living）重塑和地块生命力的延续（lasts）。

最终希望构建一个由高校主导设计，公众亲身参与建设的，具有科普、科研、观光、展览等多种城市功能的生态绿地修复交流展示平台，为使用者服务、为城市提供经验尝试。

获奖名单

（2017 第 5 届西部之光大学生暑期规划设计竞赛）

奖项	作品名称
一等奖	双坑活化·北喧南寂——基于功能植入和生态再塑的矿坑遗址公园城市设计
二等奖	从平台到舞台——基于片区激活发展的网络体系构建设计
	众舍·交互——日常生活的公共再塑
三等奖	融合——金陵船厂磁性空间的重塑与延续
	Urban neurons——以联系、体验为主题的城市神经网络构建
	疯狂码头——再创码头新活力
最佳创意奖	轨市·未来城市范式——基于多产业迭代的传统工业遗产活化设计
最佳调研分析奖	船·场——基于引力场理论的金陵船厂再生改造
	涅槃重生——着历史痕迹，享文化“苦”旅
最佳主题演绎奖	老刀的后半生——社会公正下的城市更新设计
	2R 金陵·趣城计划——基于空间生产理论的南京滨江地区城市更新设计
最佳设计表达奖	跳跃与飞翔——幕燕滨江极限运动触媒孵育计划
	Re-Urbanization——基于网络互联的城市双修
佳作奖	Living Lab——大学与社区联合实践下的矿坑生态修复设计
	行慢连城——连接理论下慢行多态系统构建
	敬佑荣光——基于老职工关怀的金陵船厂更新规划设计
	织补“江山”，延续绿脉——基于Linkage 理论的港一公司码头地块城市设计
	生命共同体——基于生态伦理学的全生命周期生态修复和区域更新
	关系·网络·连接——南京滨江地区“城市阳台”地段城市更新设计
	四维——片·体·空间·起落潮汐
	新矿神怡
	时过境迁·时连境生——多元语境下的南京

院校	指导老师	参赛人员
重庆大学建筑城规学院	赵强	邱庆亮 赵之齐 刘雨佳 何依蔓 张亦瑶
重庆大学建筑城规学院	李云燕 徐煜辉	洪杨 袁心怡 徐晗婧 冯圣俨
西北师范大学地理与环境科学学院	李巍 杨斌 杨建秀 李启瑄	陈少铧 陈绍涵 薛淑艳 张婷婷
西安工业大学建筑工程学院	杨大伟 冯小杰	闫睿婧 王晓茹 白雪 杨浩 范书琪
西安建筑科技大学建筑学院	叶静婕	高靖葆 侯笑莹 孙海婷 岳晨雨 赵晨思
云南大学建筑与规划学院	杨子江	汪志堃 荣谦 饶悦
重庆大学建筑城规学院	李云燕	王锐石 张政 明佳文 罗梦麟
长安大学建筑学院	杨育军 邹亦凡 郭婷	刘奕君 潘烨生 田玉慧 朱方乔 邹元昊
西南科技大学土木工程与建筑学院	王禹 何田	陈立 周磊 汪云娇 李欠 李文博
内蒙古工业大学建筑学院	荣丽华 张立恒 王强	任伟阳 王雪璐 相相 赵海男
广西大学土木建筑工程学院	卢一沙	江湉依依 李庚 韦林欣 吴帆 朱雅琴
重庆大学建筑城规学院	肖竞 黄瓴	肖天意 罗晛秋 冉思齐 李洁莲 权逸群
西安建筑科技大学建筑学院	李小龙	李佳澎 赵文静 唐华益 许子睿 翟鹤健
四川大学建筑与环境学院	吴潇 干晓宇	何毅文 甄舒惠 唐朝 魏意潇 唐明珠
重庆大学建筑城规学院	魏皓严	王逸然 余欣怡 沈恩穗 张诗洁 邓慧霞
西安建筑科技大学建筑学院	沈婕 段德罡	王羽敬 王怡宁 杨雪 吴倩 尹正
昆明理工大学建筑与城市规划学院	翟辉 车震宇 唐翀	肖先柳 宋兰萍 朱建成 程露 谈昭夷
重庆大学建筑城规学院	闫水玉	郗凯玥 陈星宇
西北大学城市与环境学院	吴欣	陈翀 刘畅 赵凯旭 董钰 王笑
昆明理工大学城市学院	邢国庆	陈黎明 普俞鑫 孙航 张书林
甘肃农业大学资源与环境学院	王晓倩 李纯斌	毛文博 黄涛 焦陇慧 张彩荷 吉珍霞 刘兰烨
内蒙古工业大学建筑学院	富志强 张立恒	陆雨 刘明昊 吴举政 周强

双坑活化 北喧南寂

基于功能植入和生态再塑的矿坑遗址公园城市设计

指导教师

赵强

游乐喧活 · 苍野清寂

历史上南京最被人们熟知的就是“金陵”这个雅称了，虽然解释众多，从字面意义也可以想象得出，古代南京城该是如何壮阔的山水格局和气象！“一座南京城，半部民国史”，那时老南京城的格调和韵味现在局部还能依稀看得到、感受得到！可现代化的南京，城市却平庸了……因为有那样的不平，可以说，对白云石矿坑遗址这块几乎被人遗忘之地，我们是一见钟情！距城市腹地咫尺之遥，这里的山水，竟悄无人烟，气息和氛围完全凝固在另一个现代城市文明之外的时空纬度，一派古代山水画里的清寂和幽远，让人心旷神怡！在这里，我们依稀感受得到中国古代文化与智慧传承下来的城市山林之志，我们内心升起了一种希望，我们酝酿着以传统山水文化隐含的空间审美意韵为设计的动力内核，我们张罗着把山水栖居智慧与现代生活的多元休闲及城市环境的生态、景观意识与科技化的空间建构技术结合起来，我们意识到这个独特的城市设计，一开始就意义深远！

参赛学生

一等奖

邱庆亮

参加竞赛是为了提升专业素养，增长见识。本次竞赛最大的收获是规划思维和图纸表达有了很大的提高。在与其他组的交流、向其他院校优秀作品的学习中，认识到对同一场地会有不同角度的剖析，需要拓宽思维，多方面思考和比较，从而不断完善竞赛作品。

能够获得一等奖挺意外的，是对我们一个多月努力的肯定，感谢组内成员们的密切合作，感谢赵老师陪我们一起走过的一个酷热难忘且有意义的暑假。

赵之齐

非常幸运能够和这样的一群小伙伴一起度过大学最难忘的一个设计。一个月的设计历程，从基础的场地调研到漫无边际的历史资料搜集，从最初的摸索尝试的场地定位到最终围绕内核而逐渐成形的方案，一点点一次次的灵感闪光，最终汇聚成了现在的方案成果。

一个辛苦又甜美的夏天之后，在秋天收获的成果让我惊喜而感动。一次竞赛的经历让我学到的不仅是设计的知识还有合作的方式，感谢赵老师的悉心指导和队友们的倾力合作，学海无涯，与君共勉。

刘雨佳

获奖是件出乎意料的事，感谢优秀的老师与队友们。这次竞赛是个很有趣的体验（虽然过程有时难免痛苦），收获良多，无论是在前期调研、资料收集与分析或是方案立意、深化等方面，都有与往常不同的感受。我每次都为队友的思辨能力惊叹。

也想感谢这次竞赛，给我机会让我换一个视角去欣赏、去体会南京这座城市。最开心的莫过于和队友们共处的时光，这个夏天过得很愉快。

何依蔓

这次竞赛是一次艰辛、有趣而难忘的经历。设计过程让我们在计划执行能力、逻辑思维能力和表达能力等方面都得到了长足的进步；加深了对团队合作的理解。在与其他方案的对比中，也发现了我们的不足之处；鼓励我们在以后的生活中，进一步提升、完善自我。

同时，感谢老师的悉心指导，他精益求精的态度极大地影响了我们；感谢队友们的包容和支持，让我保持积极的态度去面对过程中的困难和挫折。这次经历带给我们太多成长，我们会认真消化此行收获，在未来更加努力。

张亦瑶

首先一定要说的是，这次比赛真的让小组五个人的关系变得更加密切了，也对老师有更深的了解与感激。

说实话并没有想到能获奖，甚至觉得能按时完成都是万幸了。但得到消息之后确实很兴奋，也反复回想了方案内容，思考了到底有哪些闪光点和不足。这个方案没法再继续完善了，但学到的很多东西，比如过程中真切地感受到了逻辑推理和分析对于设计的重要性，学习到了如何在短时间内理顺思路，相信都可以在以后的学习中有所体现！

五马渡码头
幕府山脉
港一公司
永济大道
白云石矿坑（33.4ha）
城市阳台
上元门地铁站
金陵船厂
中央北路
老虎山
居住区
幕府东路
五塘广场地铁站
双坑活化
北喧南寂
基于功能植入和生态再塑的矿坑遗址公园城市设计
1

一等奖

双坑活化

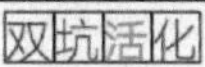
国内典型矿坑遗址公园现状问题

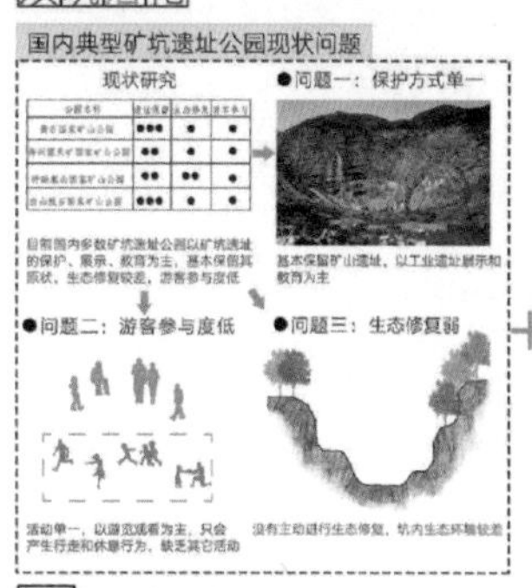
现状研究
●问题一：保护方式单一
●问题二：游客参与度低
●问题三：生态修复弱

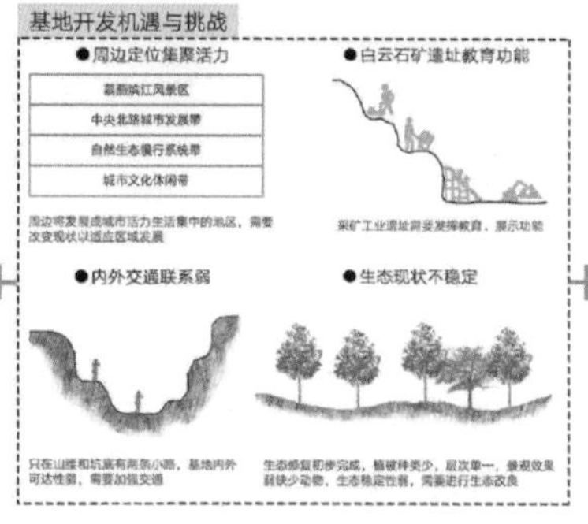
基地开发机遇与挑战
●周边定位集聚活力
●白云石矿遗址教育功能
●内外交通联系弱
●生态现状不稳定

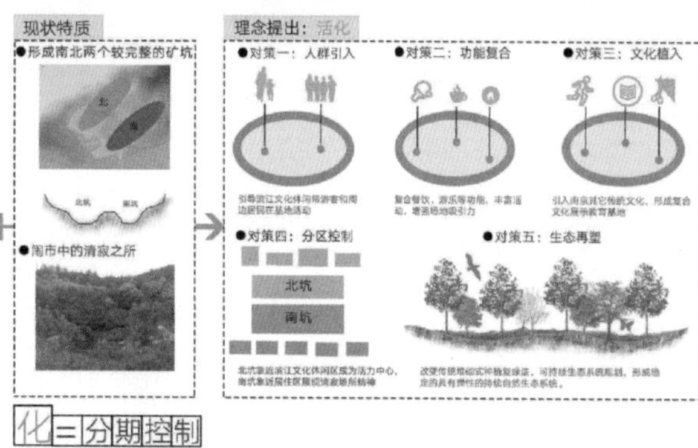
现状特质
●形成南北两个较完整的矿坑
●闹市中的清寂之所
理念提出：活化
●对策一：人群引入
●对策二：功能复合
●对策三：文化植入
●对策四：分区控制
北坑
南坑
●对策五：生态再塑

活=北喧南寂

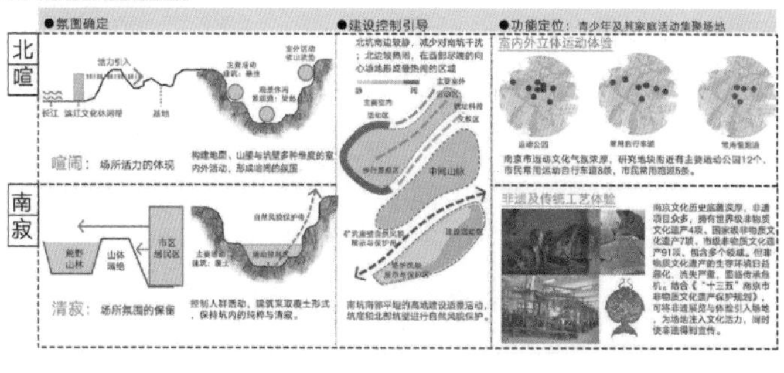
●氛围确定
●建设控制引导
●功能定位：青少年及其家庭活动集聚场地
北喧
喧闹：场所活力的体现
南寂
清寂：场所氛围的保留
室内外立体运动体验
非遗及传统工艺体验

化=分期控制

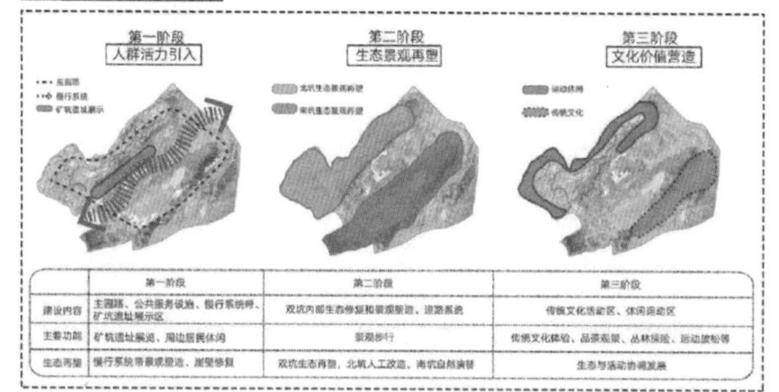
第一阶段 人群活力引入
第二阶段 生态景观再塑
第三阶段 文化价值营造

双修与再生：南京滨江地区的城市更新设计

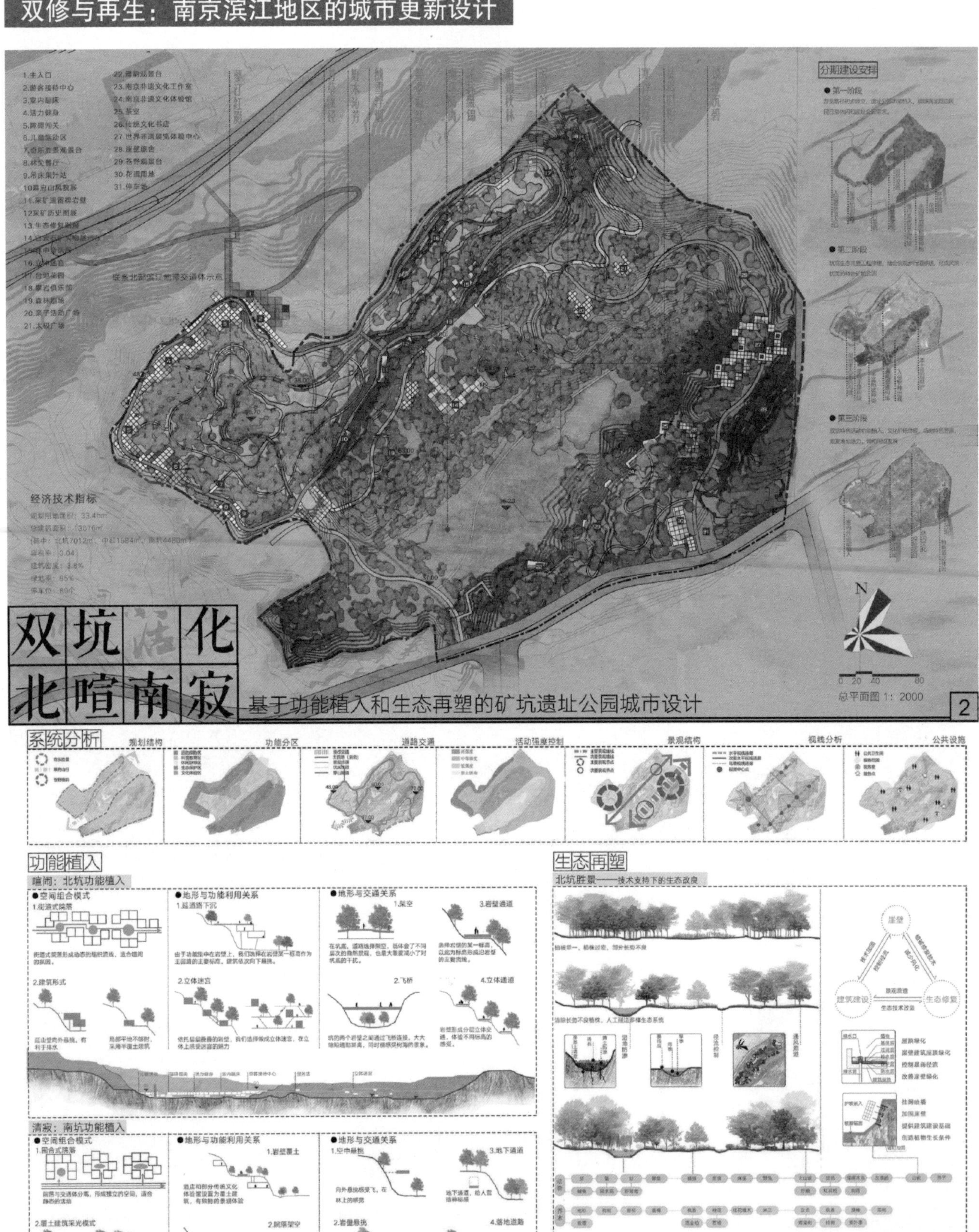

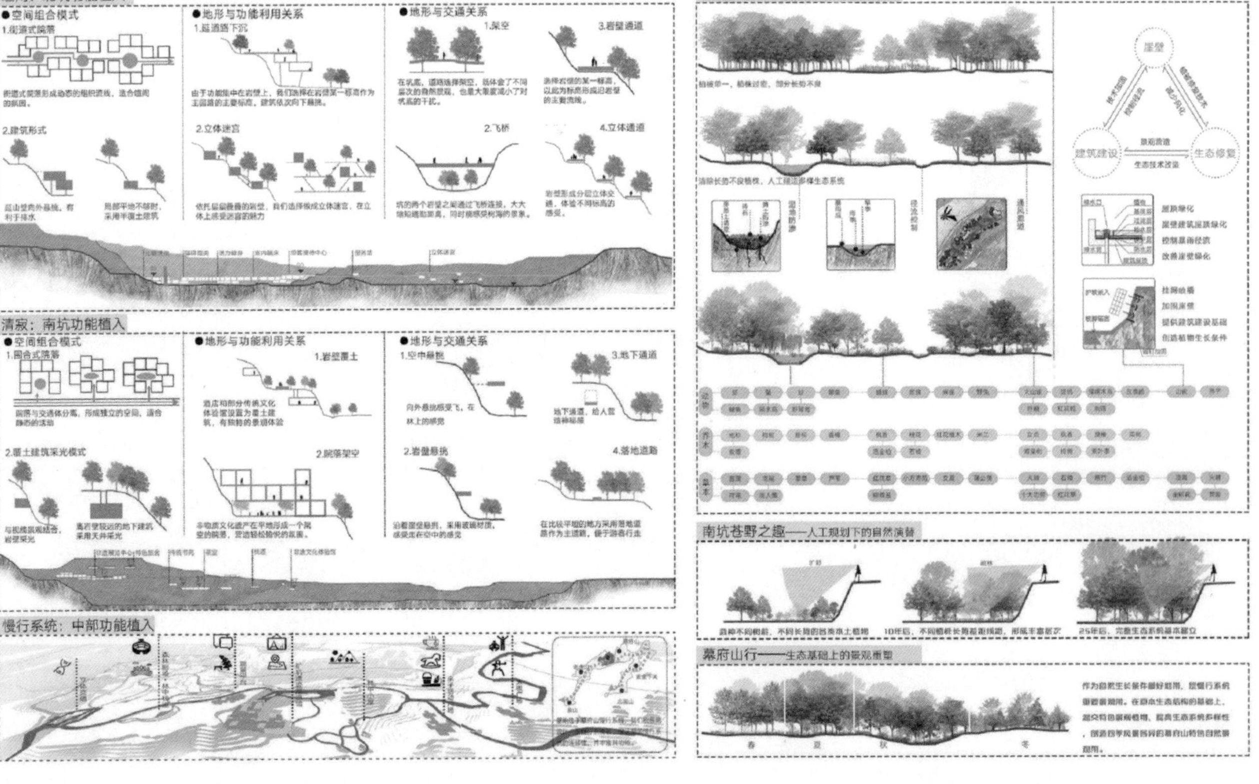

一等奖

奇乐喧腾胜景上
雅韵寂隐苍野间
浮沉千院千欢尽
一路山行山自闲
双坑活化
北喧南寂
基于功能植入和生态再塑的矿坑遗址公园城市设计
3
北喧
南寂
院落组合模式
北坑院落
展览馆
南坑书店
非遗小院
场地意象

从平台到舞台

Network System Construction Based on Zone Activation

基于片区激活发展的网络体系构建设计

Platform Sublimated to Proscenium

指导教师

李云燕

徐煜辉

平台之上，舞台之间，城市之中

本次设计地块——南京幕燕铁北片区仿佛南京发展变迁的缩影，在文化、军事、工业等方面承载着南京的历史记忆。一千多年前达摩祖师于此一苇成航；登山临江，独特的风景资源使“幕燕夕照”成为金陵四十八景，千百年来迎送了无数文人墨客的登高感怀；“两山一道”的空间格局不仅让本地块成为联系城市与滨江地区的重要通道，更使其一度成为军事要塞，明城墙“上元门”及民国炮台亦在此建成。金陵船厂、物流公司遗址则见证了该片区曾经繁荣的景象。

而如今的城市阳台地块却存在着以下两个主要问题：首先，狭长地块使得滨江区域与城市功能之间缺乏必要的联系，滨江地区的可达性较弱，严重制约该地区的发展；其次，该地块分割了城市重要绿色基础设施老虎山与幕府山，影响城市生态系统的连接。

本次规划从多视角空间平台的架构入手，用“一带一路”的思路建构往滨江区域的多维交通体系（汽车、电车、自行车、公交、步行）的联系，修补城市功能缺失，为市民提供集多彩生活、慢节奏文化、周末文旅活动、城市多元化为一体的多维度都市舞台。同时，所规划的平台可以联通老虎山与幕府山，修复城市生态环境。以此为基础从城市片区更大范围视角，提出针对片区激活发展的“文旅网络、生活网络、慢行 / 慢文化网络、城市功能修补网络”这四大网络体系的构建设计，具体落实到对“交通系统、生态环境、文化旅游、历史文化、社会就业、保留建筑”的六大修复上，最终打造幕燕铁北片区范围内充满活力的都市生活网络体系，带动片区发展。

参赛学生

洪杨

很高兴这次竞赛能够获奖。首先，特别要感谢的是一直悉心指导并陪伴我们的老师；同时，我也要感谢并肩战斗的队友们，设计的完成必少不了成员的添砖加瓦和集体的积极氛围。

刚参加竞赛时，作为一个尚未接触城市设计的普通大三学生，我颇有种无措感。在中国城市规划学会、老师和队友的帮助下，我们慢慢领悟“城市双修”这一主题的内涵、学习其在空间上的表现手法。在设计与制图过程中，我们的表达能力获得了质的飞跃。更重要的是，我们学会了立足“修复”与“修补”，以关怀的视角推动城市的更新。

袁心怡

参加本届“西部之光”竞赛对我来说是十分有意义的。从调研到设计方案再到画图，近两个月的时间里，真真切切地感受到自己各方面的巨大提升。老师们的悉心指导，队友们的团结协作，那些一起流过的汗水，那些一起画图的日子……换来了这次竞赛的好成绩，也成为一段美好的回忆。在此也感谢中国城市规划学会、感谢可爱的指导老师们和队友们。

本次竞赛以“城市双修”为主题，我们更加深入地认识到城市区域生态环境和区域功能的重要性，也更具体地懂得了城市规划的内涵，对今后的学习生涯和工作生涯都十分有帮助。

徐晗婧

从六月初的南京现场调研到八月完成最终成果，历时两个月的竞赛经历独特又有趣。我们团队在春末的幕府山感受过微凉的江风，也在炙热的盛夏一遍遍探讨方案，修改图面。于我而言，这次设计使我认识到了城市的系统性。场地内的山与水，历史遗存与现代元素，自然环境与建设空间……无一不是引导和制约城市空间的系统因素。而我们也一直以系统的方式来完成这次滨江地块“城市双修”设计。

最后要感谢自始至终悉心教导的老师们和坚持不懈的队友们，是大家的付出才让这个设计以这样圆满的方式结束。

冯圣伻

一开始听说“西部之光”这个名字的时候，我觉得这是一场规模宏大、规格超高的竞赛。但是当真正下手去做的时候我才体会到，这个“宏大”也需要我们团队合作并一点一滴去积累完成;这个“高规格”也需要脚踏实地、从零开始慢慢积累。

感谢老师的指导交流，让我们拥有这样一份宝贵的经历；感谢队友们的努力奋战，让这份共同拼搏的精神与情谊长存；感谢“西部之光”竞赛，让我们度过了一个充实而美好的夏天。

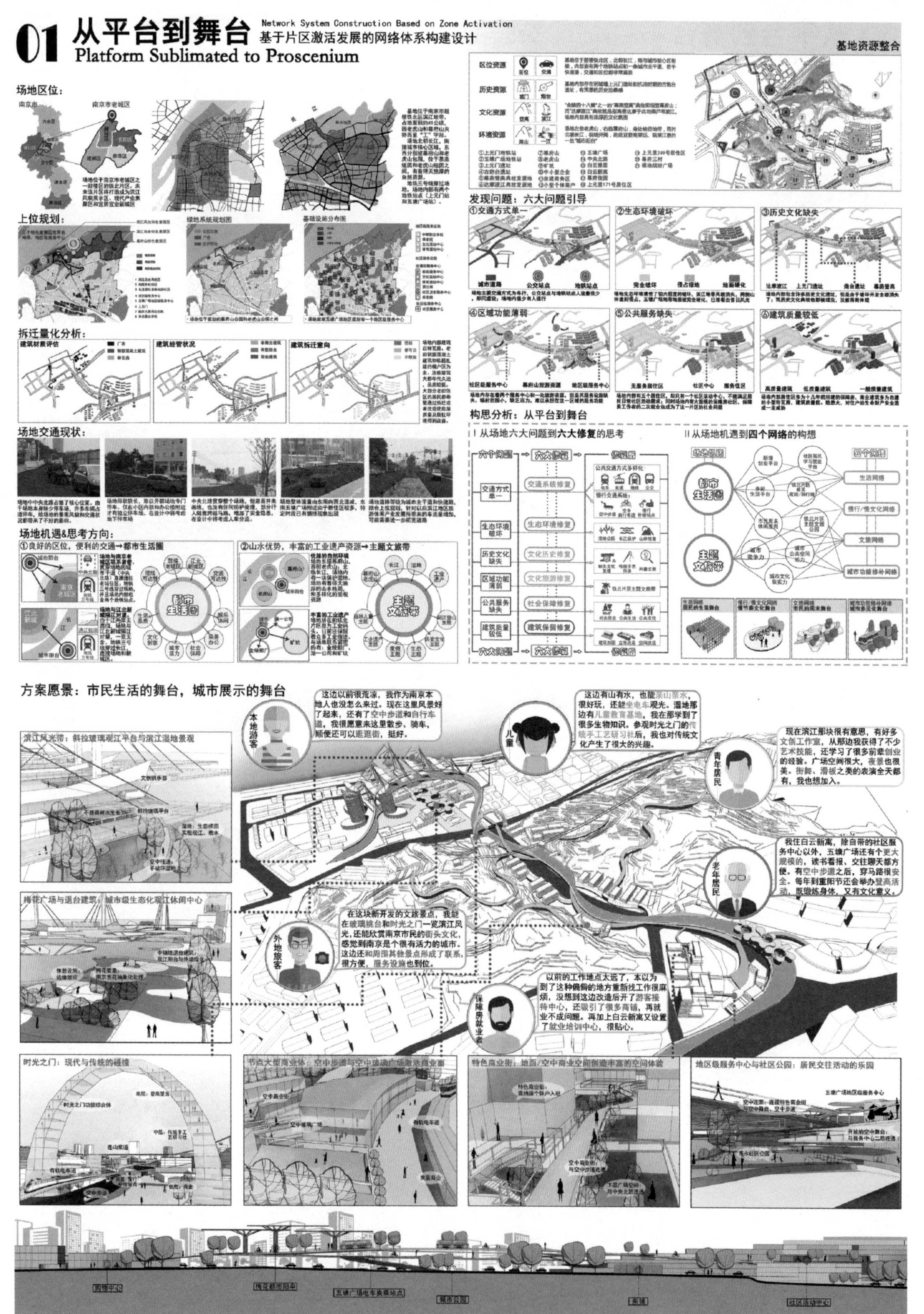
01 从平台到舞台
Network System Construction Based on Zone Activation
基于片区激活发展的网络体系构建设计
Platform Sublimated to Proscenium
场地区位：
上位规划：
拆迁量化分析：
场地交通现状：
场地机遇&思考方向：
①良好的区位，便利的交通→都市生活圈
②山水优势，丰富的工业遗产资源→主题文旅带
基地资源整合
发现问题：六大问题引导
①交通方式单一
②生态环境破坏
③历史文化缺失
④区域功能薄弱
⑤公共服务缺失
⑥建筑质量较低
构思分析：从平台到舞台
I 从场地六大问题到六大修复的思考
II 从场地机遇到四个网络的构想
方案愿景：市民生活的舞台，城市展示的舞台
本地游客
这边以前很荒凉，我作为南京本地人也没怎么来过。现在这里风景好了起来，还有了空中步道和自行车道，我很愿意来这里散步、骑车，顺便还可以逛逛街，挺好。
儿童
这边有山有水，也能亲山亲水，很好玩，还能坐电车观光。湿地那边有儿童教育基地，我在那学到了很多生物知识。参观时光之门的传统手工艺研习社后，我也对传统文化产生了很大的兴趣。
青年居民
现在滨江那块很有意思，有好多文创工作室，从那边我获得了不少艺术技能，还学习了很多前辈创业的经验。广场空间很大，夜景也很美。街舞、滑板之类的表演全天都有，我也想加入。
老年居民
我住白云新寓，除自带的社区服务中心以外，五塘广场还有个更大规模的，读书看报、交往聊天都方便。有空中步道之后，穿马路很安全。每年到重阳节还会举办登高活动，既锻炼身体，又有文化意义。
外地旅客
在这块新开发的文旅景点，我能在玻璃挑台和时光之门一览滨江风光，还能欣赏南京市民的街头文化，感觉到南京是个很有活力的城市。这边还和周围其他景点形成了联系，很方便，服务设施也到位。
保障房就业者
以前的工作地点太远了，本以为到了这种偏僻的地方重新找工作很麻烦，没想到这边改造后开了游客接待中心，还吸引了很多商铺，再就业不成问题。再加上白云新寓又设置了就业培训中心，很贴心。
滨江风光带：斜拉玻璃观江平台与滨江湿地景观
梅花广场与退台建筑：城市级生态化观江休闲中心
时光之门：现代与传统的碰撞
节点大型商业体：空中步道与空中玻璃广场激活商业面
特色商业街：地面/空中商业空间创造丰富的空间体验
地区级服务中心与社区公园：居民交往活动的乐园
购物中心
梅花都市阳台
五塘广场电车换乘站点
城市公园
新城
社区活动中心

二等奖

02 从平台到舞台 Platform Sublimated to Proscenium

Network System Construction Based on Zone Activation

基于片区激活发展的网络体系构建设计

总平面图 1:3000

设计说明：

本次设计选择城市阳台地块。该地块连接南京滨江与都市、老虎山与幕府山，具有独特地理位置。首先，狭长地块使得滨江区域与城市功能之间缺乏必要的联系，滨江地区的可达性较弱，严重制约该地区的发展；其次，该地块分割了城市重要绿色基础设施老虎山与幕府山，影响城市生态系统的连接。这是本次设计面对的主要问题。

本次规划从多视角空间平台的架构入手，建构往滨江区域的多维交通体系（汽车、电车、自行车、公交、步行）的联系，修补城市功能缺失，为市民提供集多彩生活、慢节奏文化、周末文旅活动、城市多元化为一体的多维度都市舞台。同时，系规划的平台可以联通老虎山与幕府山，修复城市生态环境。以此为基础从城市片区更大范围视角，提出针对片区激活发展的“文旅网络、生活网络、慢行/慢文化网络、城市功能修补网络”这四大网络体系的构建设计，具体落实到对“交通系统、生态环境、文化旅游、历史文化、社会就业、保留建筑”的六大修复上，最终打造影响铁北片区范围内充满活力的都市生活网络体系，带动片区发展。

技术经济指标：

总用地面积：41.3hm²　总建筑面积：322150m²
建筑密度：15.2%　容积率：0.78
绿地率：39.3%

分层功能结构：

规划结构：

景观视线：

交通结构：

设计目标：

人群　青年　老年　空间　旅游度假　文化创意

多元人群融合的“创意集聚区”

复核功能共生的“创新活力带”

场地人群及活动类型：

旅游度假　居住生活　文化创意　休闲服务　商务办公　创业孵化

图例：

文旅网络：
1 湿地公园亲水平台
2 滨江观景平台
3 梅花广场休闲平台
4 游客服务中心（电车换乘）
5 时光之门（原上元门遗址）
6 炮台遗址
7 索道站
8 露营区
9 幕府登高眺远平台

生活网络：
1 滨江休闲娱乐平台
2 文创工作室
3 街头艺术平台
4 时光之门观江平台
5 草正规经济创业起点平台
6 就业培训中心
7 社区图书馆
8 特色商业街
9 购物广场

慢行-慢文化网络：
1 滨江休闲吧
2 慢行补给节点
3 新码头文化游线
4 共享单车站点
5 空中慢行步道
6 时光之门传统工艺研习社
7 社区会所
8 地区文广中心
9 社区公园

城市功能修补网络：
1 湿地儿童教育基地
2 达摩洞江广场
3 绿色商业办公楼
4 生态展示中心
5 铁北片区文旅集散中心
6 幕府山军事文化博物馆
7 幕府山假日酒店
8 社区兴趣俱乐部
9 社区剧场

概念提取：

两个缝合：

老虎山　幕府山

缝合 幕府山景区 和 老虎山景区

风景区　城市

缝合 滨江风景区 和 城市

四个网络设计：

针对旅人游客的“文旅网络” 市民的周末舞台

针对步行和骑行的“慢行/慢文化网络” 慢节奏文化舞台

针对当地居民的“生活网络” 居民的生活舞台

针对城市缺失功能的“城市功能修补网络” 城市多元化舞台

六条修复带：

综合场地现状及考虑到场地对城市功能的补充，以交通系统、生态环境、建筑保留、文化历史、文化旅游、社会就业等六个视角为出发点，提出了六条修复带。

六条修复带相互交织，贯穿整个场地，对场地以及城市进行全面综合的修复。

四个网络设计：

Ⅰ“文旅网络”——市民的周末舞台：

· 打造铁北片区多样化的文旅主题公园体系

金陵船厂工业遗址公园　湿地公园亲水平台　城市观景平台　老虎山风景区　幕府山风景区　港口公司遗址　矿坑自然游览公园　大桥公园

游客中心　住区

Ⅱ“生活网络”——居民的生活舞台：

· 新增的创业平台（文创俱乐部+流动摊位试点）

· 多彩的生活平台

· 针对社区居民的学习平台（就业培训+社区图书馆）

幕燕景区　住区

Ⅲ“慢行/慢文化网络”——慢节奏文化舞台：

· 将场地和滨江一带打造成为铁北片区最美夜跑/骑行线

· 时光之门：现代建筑与传统手工艺的碰撞

住区

Ⅳ“城市功能修补网络”——城市多元化舞台：

· 提高城市竞争力：从工业码头到城市主题公园

BEFORE　AFTER

· 重塑城市公共空间活力：公共活动 + 公共交往

· 重提城市文化软实力：历史文脉 + 手艺传承 + 科普文教

住区

幕燕音乐广场　商业街道　盘山慢行道　露营　山体生态展示中心　时光之门综合体　滨江服务楼

二等奖

03 从平台到舞台
Network System Construction Based on Zone Activation
基于片区激活发展的网络体系构建设计
Platform Sublimated to Proscenium
"慢行游憩平台网络"
"时光之门"
"幕燕观光电车线"
"游客服务中心"
"都市观江平台"
"湿地活动园"
交通系统修补
生态环境修复
平台网络系统构建
文化旅游修补
历史文化修复
社会就业修补
保留建筑修复
有轨电车系统
趣味骑行系统
平台联系系统
慢行休憩系统
步行娱乐系统
步行绿化系统

Remodeling everyday life by public space

tradeoff 众舍 · interactive 交互 日常生活的公共再塑

指导教师

基于网络架构的单元盒子——日常生活的公共塑造

李巍

杨斌

杨建秀

李启瑄

参赛学生

陈少铧

陈绍涵

薛淑艳

张婷婷

二等奖

非常感谢中国城市规划学会，高等学校城乡规划学科专业指导委员会和东南大学举办的“西部之光”暑期城市规划设计竞赛，为西部学子提供高水平的交流平台和学习机会。通过这次竞赛，丰富拓展了我们规划思路和眼界，使我们深刻认识到：参与城市双修主题的竞赛，倍感解决实际城市问题、应对现状挑战和创新空间设计的关键，复杂开放的城市系统与设计场地城市阳台片区都关乎千万个小个体，关注公众和公共议题是我们城市双修竞赛设计的出发点。

很紧张又充实地度过了2017年暑假，但同时也相信每个人都收获满满，学习研判、启发讨论、合力解决问题是求学期间应具备的能力。三人行，必有我师。指导老师对我们给予极大的帮助和启示，感谢他们对指导我们认识解读地块、挖掘信息内涵和推敲可行方案的辛勤付出。

在方案的策划过程中，我们出现了很多很多的问题，但是我们一一克服了。贴近南京城市的文脉与自然特征、贴合城市双修的工作内涵，让我在这次的竞赛中一次次地尝试用更为精彩、有效的方案解决场地问题和应对未来机遇，正如每一个盒子中的场景、故事、记忆、功能一般，每个场所需要创造力去塑造美好生活、呈现美好景象。

最初去南京调研，大家一路保持着兴奋的状态并且积极向上，感谢这种积极向上的状态，让我们努力到最后，并且取得了很不错的成果。参加“西部之光”是我的荣幸，很感谢我的老师给予我这次难得的锻炼机会，在这次比赛中我收获良多。感谢我的指导老师，感谢坚持不懈的小伙伴，这次的成绩是大家一起努力的成果，相信我们会继续向前！

参加此次竞赛，对于我来说，是一次历练和成长。赴南京培训和调研，深入调查不同人群的活动需求和场地现状，梳理发现存在的最大问题是日常生活的泛网络化、非公共化和低生态化，为了实现让日常生活走向公共视野、再从公共视野转向日常维度，我们提出众舍 · 交互的设计理念，从不同人群的活动需求出发，运用模块化的盒子功能将各种活动和需求承载起来，焕发场地活力。

一个规划方案生成是艰难和曲折的，场地现状的有序整理、设计方案的千锤百炼、如何落地都需要百般考虑。正是小伙伴们的精诚协作和不懈努力，以及老师们的悉心指导，才能让我们的方案顺利生成。感谢能够拥有这次机会，让我们团队走向公众视野，我们将会时刻秉承规划人的思想，勇往直前。

“城市双修”，我们认为：“修”的不仅是城市生态系统和城市物质空间结构，更重要的是城市社会空间的织补和协调。针对城市阳台地块复杂的社会关系和多样的空间组织，我们提出了小交互和大交互相结合的设计理念，即以社区段微更新为主的小交互和滨江段片区服务中心塑造为主的大交互相结合，采用模块化的方式策略再塑渐隐的日常生活的公共空间。

在老师的指导下、同学们的热烈讨论中经过了多轮推敲，最终的成果受到多方认可，是竞赛中收获的最大喜悦。最后，作为西部院校的学子，我想为我的母校点赞，或许我们并不完美，但我们一直在路上！

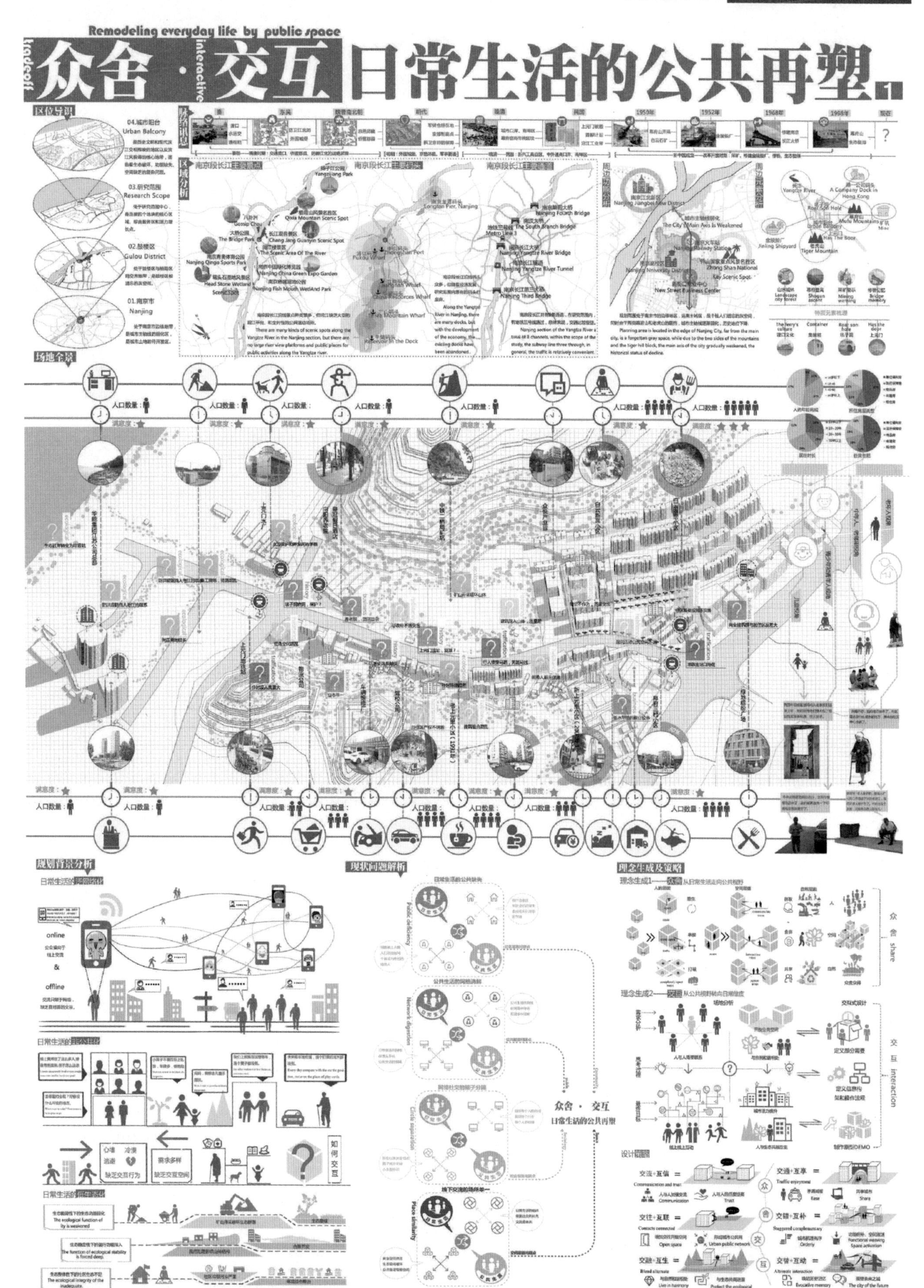
Remodeling everyday life by public space
众舍·交互 日常生活的公共再塑
tradeoff
interactive
区位导识
04.城市阳台
Urban Balcony
03.研究范围
Research Scope
02.鼓楼区
Gulou District
01.南京市
Nanjing
区域分析
场地全景
规划背景分析
现状问题解析
理念生成及策略
众舍 交互
日常生活的公共再塑
Remodeling everyday life by public space 双修与再生：南京滨江地区（城市阳台地块）城市更新设计

Remodeling everyday life by public space

众舍·交互 日常生活的公共再塑 2

tradeoff interactive

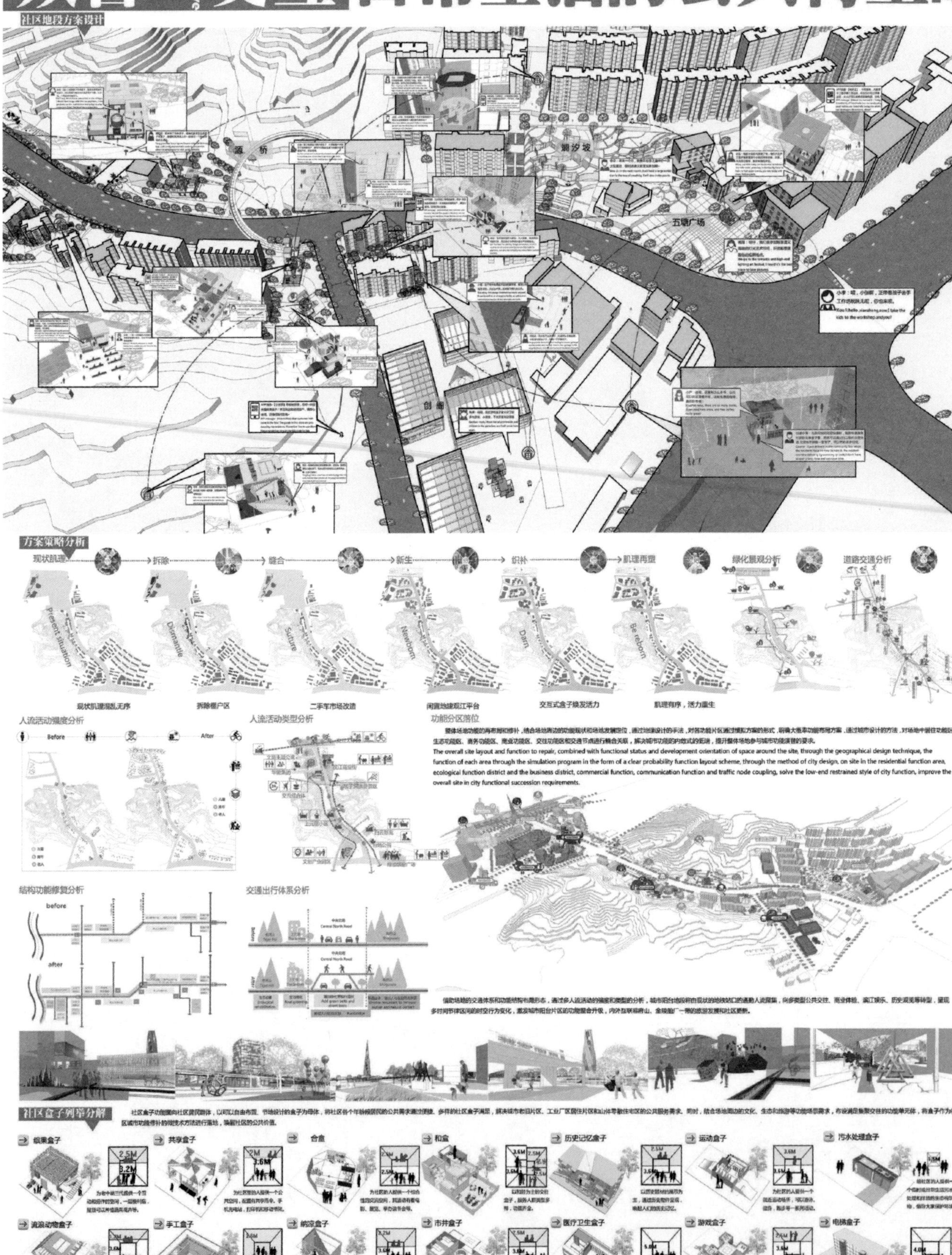

整体场地功能的再布局和修补，结合场地周边的功能现状和场地发展定位，通过地理设计的手法，对各功能片区通过模拟方案的形式，明确大概率功能布局方案，通过城市设计的方法，对场地中居住功能区、生态功能区、商务功能区、商业功能区、交往功能区和交通节点进行耦合关联，解决城市功能的低端式的窘迫，提升整体场地参与城市功能演替的要求。

The overall site layout and function to repair, combined with functional status and development orientation of space around the site, through the geographical design technique, the function of each area through the simulation program in the form of a clear probability function layout scheme, through the method of city design, on site in the residential function area, ecological function district and the business district, commercial function, communication function and traffic node coupling, solve the low-end restrained style of city function, improve the overall site in city functional succession requirements.

二等奖

Remodeling everyday life by public space

tradeoff 众舍·interactive 交互 日常生活的公共再塑 3

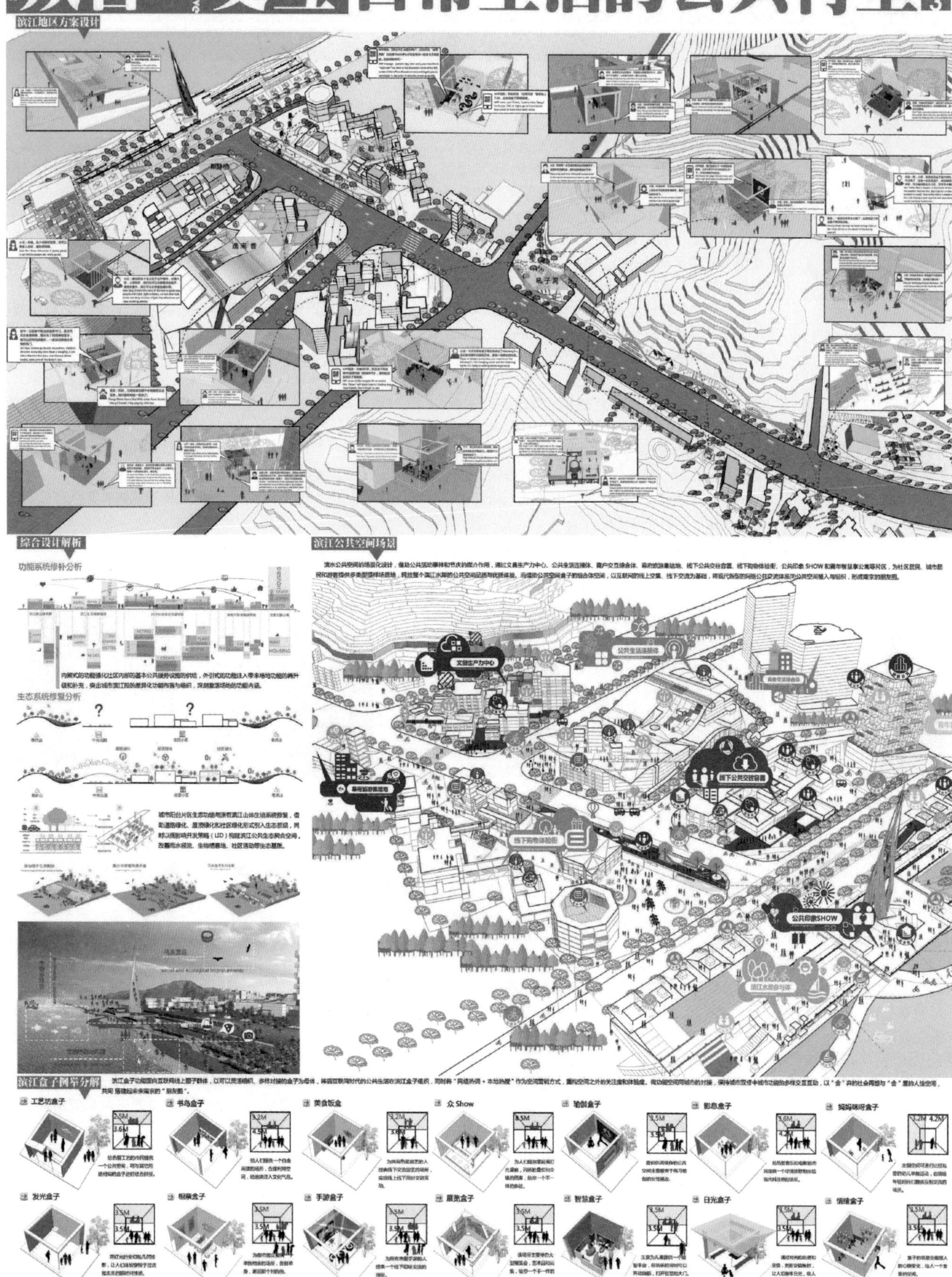

Remodeling everyday life by public space 双修与再生：南京滨江地区（城市阳台地块）城市更新设计

二等奖

融合 金陵船廠磁性空間的重塑與延續

INTEGRATION REMOLDING AND CONTINUATION OF MAGNETIC SPACE IN JINLING SHIPYARD

指导教师

杨大伟

冯小杰

有机更新　空间融合

通过对基地及周边区域的走访调研，结合访谈、问卷以及资料查询的形式，我们发现：基地周边以厂区工人为主要生活人群，社区结构相对稳定，交通便利，自然环境良好；但由于开发年代较早，功能相对滞后单一，空间活力明显偏低，社区居民提升生活品质的愿景较高，片区发展缺少持续输出动力。此外，落足于地块本身，对于南京构建长江岸线景观的诉求而言，基地与整体岸线肌理割裂也是较为突出问题之一。

基于此，我们展开对设计理念的探讨，以城市双修为主题，基于遗产保护及城市更新原则，从介质、空间、活动三个层面深入研究，提出“磁性空间”理念，正如刘易斯·芒福德所言：“城市是一个大的磁体和容器，各种要素在某种作用下，进行有效的反应，形成复杂多样的城市‘反应堆’，反过来影响城市。”

按照磁性空间理念，针对本次地块的具体情况，我们提出通过遗产继承、有机更新、空间整合三个层面进行规划：

遗产继承——保留核心内容：保留金陵船厂有价值的工业遗产，对其功能进行调整置换，在空间上找寻历史脉络，生成空间文脉，保护历史记忆；

有机更新——修复磁性因子：通过拆除、增加、置换、疏通等手段，对基地在空间上进行脉络的重新梳理；

空间整合——融合新磁铁：通过连廊、渗透、引导等形式，对空间的微循环系统进行疏通，营造舒适的场所空间。

通过规划梳理，以解决产业需求为目的，将基地的空间进行重构。形成以创意办公、休闲娱乐、文化体验、功能为主的五个具体功能区，并在此基础上形成“一主三次多节点”的空间结构。通过功能置入、空间梳理和人流引入，为地块及周边区域的发展注入新鲜血液，提升当地居民的生活品质、改善沿江景观风貌，实现片区功能的织补和空间肌理的修复。

三等奖

参赛学生

闫睿婧

这次“西部之光”规划设计竞赛使我受益匪浅，更加理解了规划工作者在团队作业中合作的重要性。本设计要解决的不仅是物质空间的修复更新，更是历史与现代的融合再生。我们充分尊重了船厂原有肌理，传承历史文脉，激发活力片区，完善公共设施，创造开放空间。最后，感谢主办方的支持，感谢老师的细心讲解，感谢每一个小组成员的努力和不放弃。

王晓茹

在这次竞赛设计的过程中，我深深体会到了团队合作力量的强大，在老师的指导帮助下大家分工协作，齐心协力，取得了如今的成果。船厂改造设计使我对工业遗产保护和再利用有了更深刻的认识，在如今城镇化飞速发展的阶段，很多传统的城市面临产业转型及城市更新的压力，发展的过程中遗留下不少亟待改造的工业建构筑物，它们的价值需要被重新认识。

白雪

大家对地块的不同认知引起了很多有意思的讨论点，做到后期已经显然是一场头脑风暴，并从中充分地感受到规划从开始的设计逻辑到落实在细致的改造中所要考虑的事物。拥有记忆的船厂既要是当地人心中所熟悉的场所，又要紧跟时代的脚步，我们所做的就是使船厂继续承载当时的记忆，同时为城市添加新的活力、形成新的增长极。

杨浩

本次竞赛主题是“双修与再生”，十分贴合当下城市发展面临从增量规划向存量规划转化的形式，作为一名规划学子，内心一直对城市双修理念如何落地，我们又应该如何去提升自己的专业知识来适应这一变化而困惑。在这次竞赛的过程中，通过与其他院校老师、同学的交流沟通，以及全程的参与，让我逐渐释疑并找到了继续努力的方向。

范书琪

作为“西部之光”参赛小组的成员之一，我对这次竞赛感触颇深，最关键就是逻辑。从最初的调研，到最后图纸的表达，一个清晰的逻辑始终贯穿我们工作之中。对于工业遗产的问题，我们设计的核心是以保护为主，保留遗产遗存下来的历史记忆。

如何在实现城市有机更新的同时保护工业遗产这些反映时代特征的问题是我们今后仍需着力解决的课题。

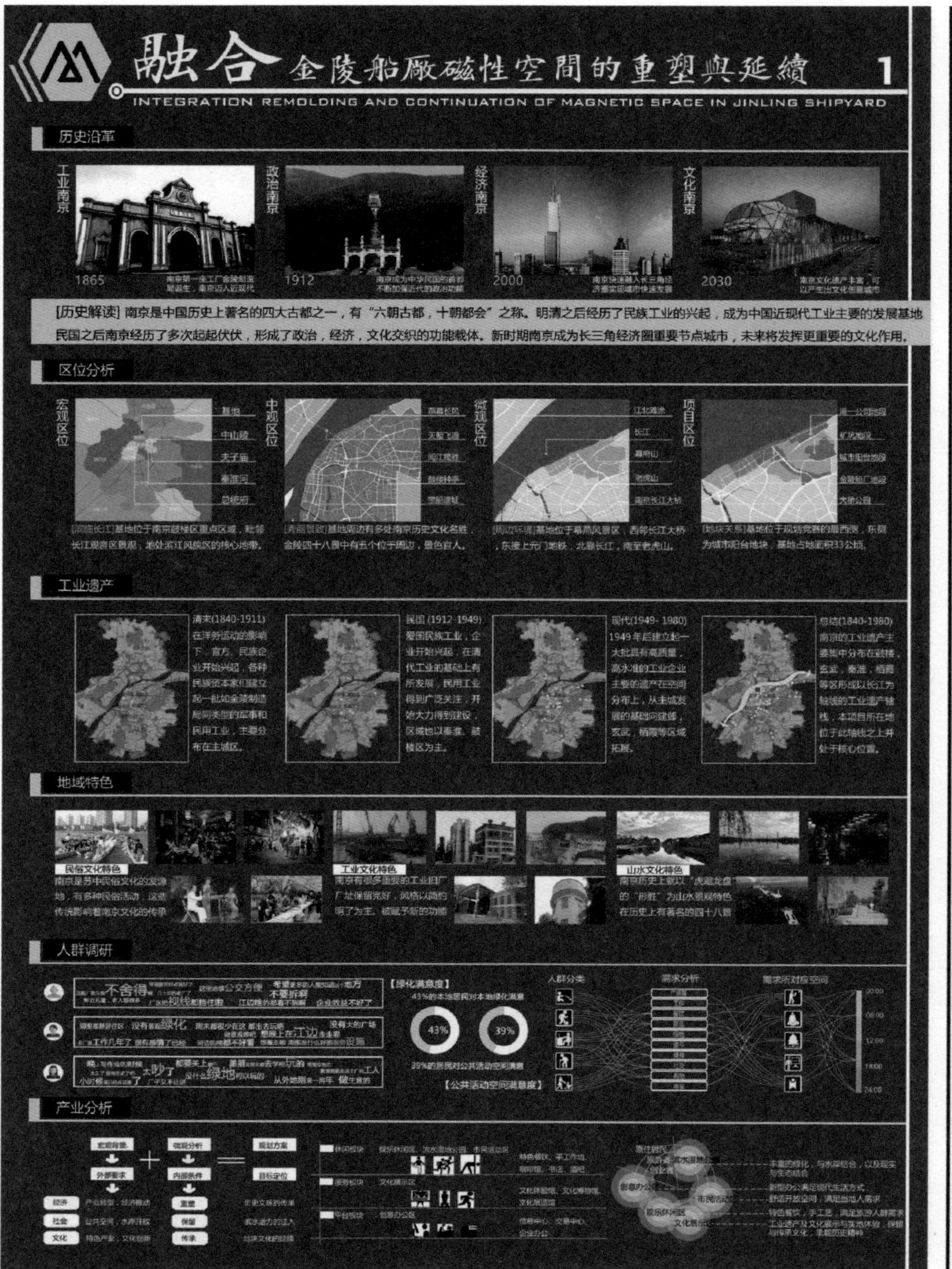

融合 金陵船厰磁性空間的重塑與延續 1
INTEGRATION REMOLDING AND CONTINUATION OF MAGNETIC SPACE IN JINLING SHIPYARD
历史沿革
工业南京
政治南京
经济南京
文化南京
1865
1912
2000
2030
[历史解读] 南京是中国历史上著名的四大古都之一，有“六朝古都，十朝都会”之称。明清之后经历了民族工业的兴起，成为中国近现代工业主要的发展基地
民国之后南京经历了多次起起伏伏，形成了政治，经济，文化交织的功能载体。新时期南京成为长三角经济圈重要节点城市，未来将发挥更重要的文化作用。
区位分析
宏观区位
中观区位
微观区位
项目区位
工业遗产
清末(1840-1911)
民国 (1912-1949)
现代(1949- 1980)
总结(1840-1980)
地域特色
民俗文化特色
工业文化特色
山水文化特色
人群调研
【绿化满意度】
43%
39%
【公共活动空间满意度】
人群分类
需求分析
需求所对应空间
产业分析

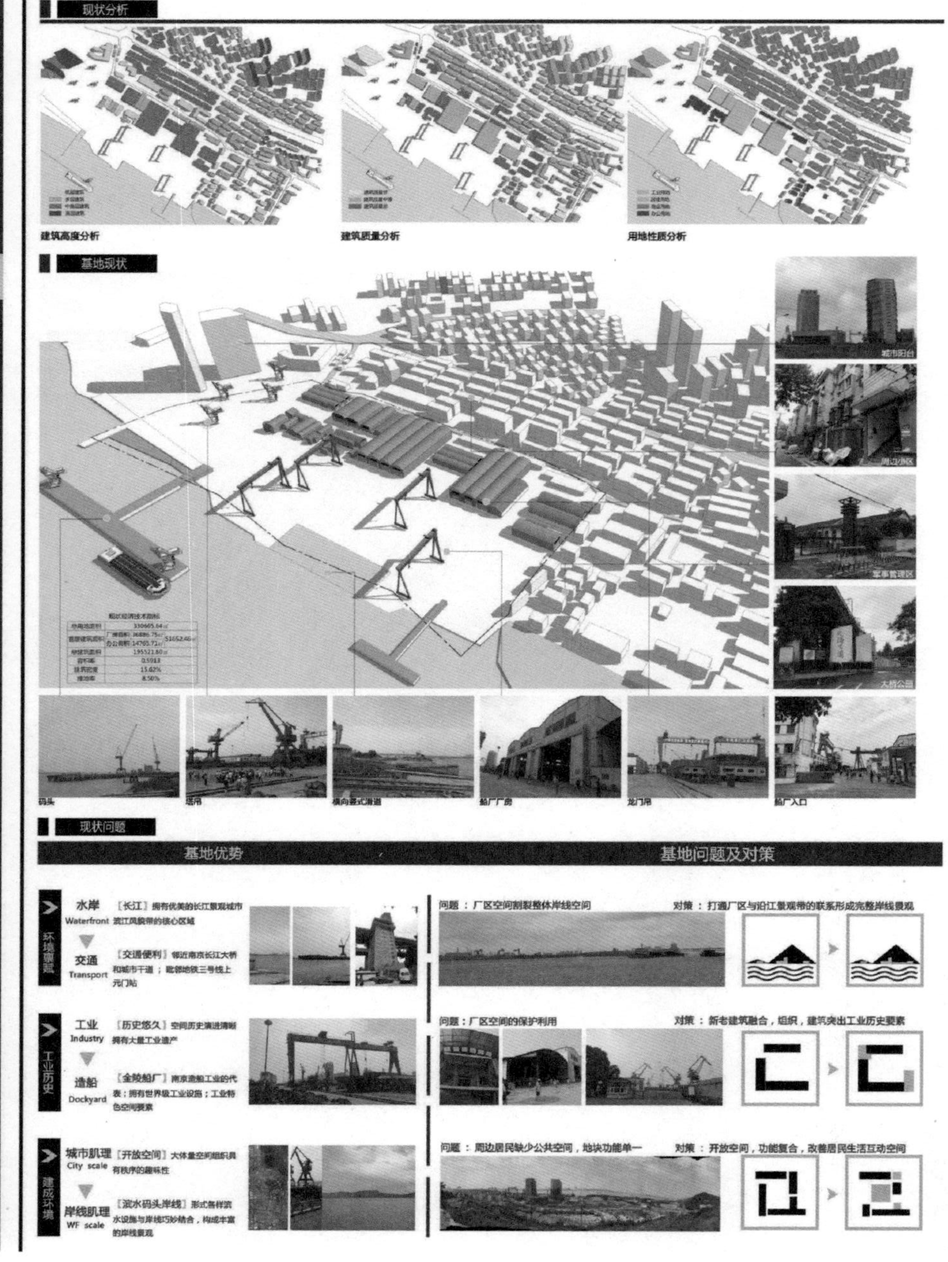

现状分析
建筑高度分析
建筑质量分析
用地性质分析
基地现状
现状问题
基地优势
基地问题及对策
水岸 Waterfront
交通 Transport
工业 Industry
造船 Dockyard
城市肌理 City scale
岸线肌理 WF scale
问题：厂区空间割裂整体岸线空间
对策：打通厂区与沿江景观带的联系形成完整岸线景观
问题：厂区空间的保护利用
对策：新老建筑融合，组织，建筑突出工业历史要素
问题：周边居民缺少公共空间，地块功能单一
对策：开放空间，功能复合，改善居民生活互动空间

三等奖

融合 金陵船廠磁性空間的重塑與延續 2

INTEGRATION REMOLDING AND CONTINUATION OF MAGNETIC SPACE IN JINLING SHIPYARD

规划理念

从物理学角度理解，磁性犹如物质在磁场受磁力影响后所形成的空间性质，正如刘易斯·芒福德所言："城市是一个大的磁体和容器，各种要素在某种作用下，进行有效的反应，形成复杂多样的城市"反应堆"，反过来影响城市空间。"从这个角度理解，城市空间犹如一块块具有磁性的要素片段，其内部蕴含着各种不同的磁性因子和磁性碎片。磁性空间的理念就是将这些因子和碎片找出来，加以总结、归纳、整合、改造，通过这一系列的内在动力机制的影响，激活整个片区的磁性空间体系，使其具有系统性的联系和复杂性的发展。磁性空间的最终形成将主要依靠磁性因子的交织重叠和功能改造，而人们的相互沟通与交织是形成磁性空间的根本力量。

城市发展与传统记忆割裂，磁性空间受到严重破坏 → 植入保留、修复、更新三种介质，激活磁性因子，使记忆连续存效 → 整合空间，注入新功能，传统记忆与城市发展完美融合 → 优化磁性路线，加强各磁力点的空间联系，形成活力磁性场 → 引入公共空间，增强吸引力，塑造磁性空间

规划策略

[遗产继承]——保留核心内容

保留金陵船厂旧厂房等建筑，对其功能进行调整置换，以文化展示为主，兼有集会、休闲、办公等诸多功能。

保留船厂内码头、塔吊、龙门吊等工业遗产，维持其原有状态，保留船厂的工业气息，并赋予其参观展示等功能，丰富空间。

[有机更新]——修复磁性因子

拆除：对于景观风貌效果或建筑质量较差的建筑进行拆除，还原完整的建筑空间，提高品质。

增加：对于建筑已经残破不全尤其是完整度较弱建筑需适当增加建筑，以使院落空间复原。

置换：对于与周边环境协调较弱的建筑，适当置换建筑功能，以更好地满足景观需求及使用效率。

重组：对于建筑比例、建筑尺度及建筑属性混乱的，可对建筑进行重组以满足需求。

疏通：厂房尺度过大，外部开放空间尺度不足，削弱建筑体量，提供视线通廊。

拓展：围合空间单调，对人群缺少吸引力，扩展空间，加入景观节点，丰富空间功能。

围合：原有建筑空间通透感差，增加建筑，形成半围合空间，创造适宜尺度，增加空间感受。

秩序：建筑布局混乱，缺少空间秩序，调整空间层次，利用轴线，创造秩序感。

[空间整合]——融合新磁铁

增加功能：在原有道路或建筑基础上增加公共空间及空间功能，提升道路空间活力。

连廊：空中走廊作为新加入的建筑元素，能够实现由私密空间到公共空间的过渡，增加人们的交往。

渗透：在原有空间中加入通透空间及景观绿地，形成良好的景观渐进渗透效果，增强空间感。

引导：利用良好的景观及雕塑资源，通过限定区域，过渡空间，引导人行路线。

[活力提升]——塑造磁性空间

集会系统　历史记忆系统　文化艺术系统　休闲系统

规划结构

保留建筑层 → 核心轴线层 → 景观绿化层 → 新增建筑层 → 功能结构层 → 整合叠加层

a.游客分析　b.当地居民分析　c.办公族活动

游客　居民　办公族

主要活动路线　次要活动路线

节点一　节点二　节点三

总平面图

总用地面积	330665.84㎡		
总建筑面积	创意旅游建筑面积	16880.06㎡	69315.77㎡
	创意办公区面积	25263.01㎡	
	文化展示区面积	21225.37㎡	
	市民活动区面积	5847.13㎡	
保留厂房面积	32539.19㎡		
总建筑面积	231952.25㎡		
容积率	0.7015		
建筑密度	20.93%		
绿地率	38.72%		
停车位	地面停车位	70个	240个
	地下停车位	170个	

[项目解读] 金陵船厂位于长江重要的岸线景观节点，基地内部厂房、龙门吊等工业设施特色鲜明，保存完好。本案以包容性文化特点入手，以磁性空间为理论依据，以解决产业需求为目的，建设一个具有高度融合性的开放空间，为幕燕风景带的总体发展提供规划参考。

规划分析

功能分析图　结构分析图　交通分析图　景观分析图

游线分析图　建筑分析图　绿化分析图　水域分析图

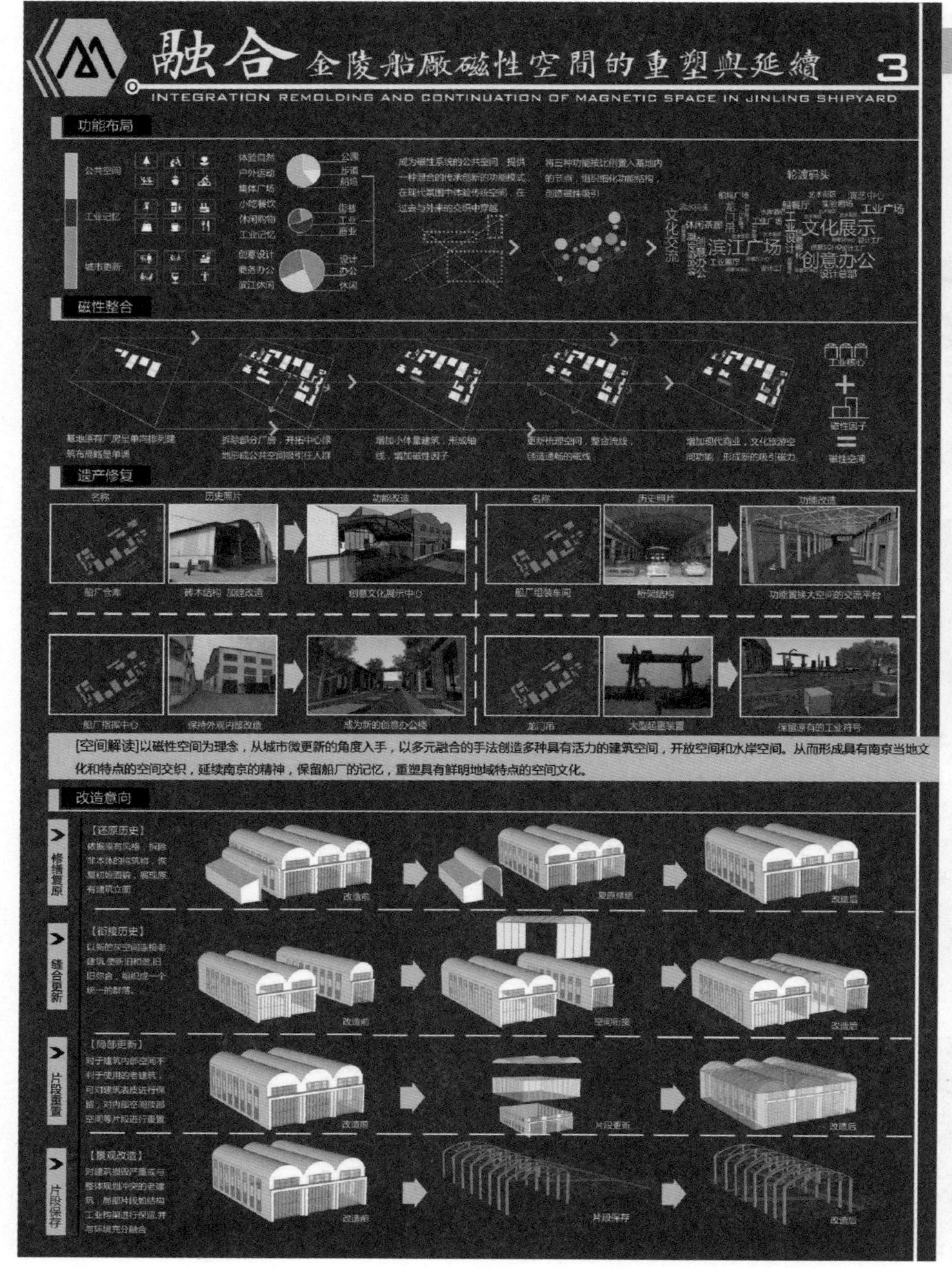
融合 金陵船厰磁性空間的重塑與延續 3
INTEGRATION REMOLDING AND CONTINUATION OF MAGNETIC SPACE IN JINLING SHIPYARD
功能布局
磁性整合
遗产修复
[空间解读]以磁性空间为理念，从城市微更新的角度入手，以多元融合的手法创造多种具有活力的建筑空间，开放空间和水岸空间。从而形成具有南京当地文化和特点的空间交织，延续南京的精神，保留船厂的记忆，重塑具有鲜明地域特点的空间文化。
改造意向

总体鸟瞰

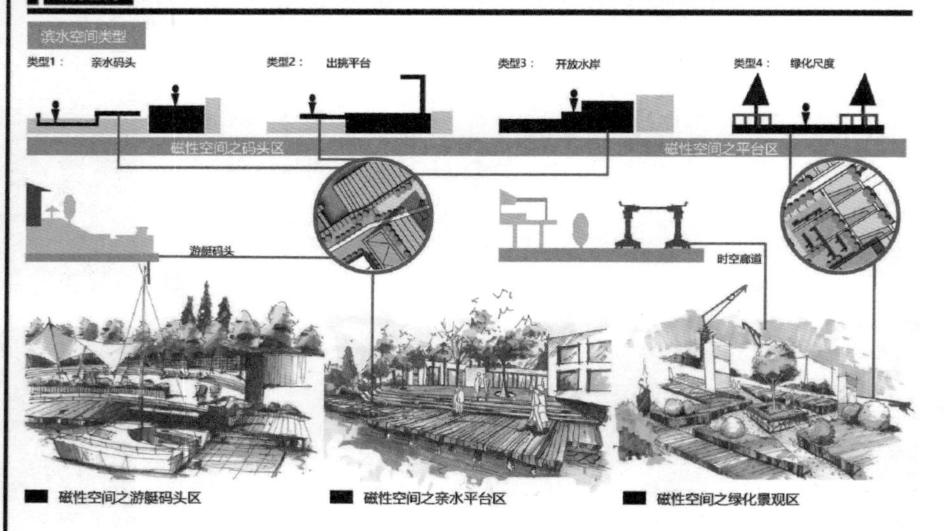
滨水空间
滨水空间类型
类型1： 亲水码头
类型2： 出挑平台
类型3： 开放水岸
类型4： 绿化尺度
磁性空间之码头区
磁性空间之平台区
游艇码头
时空廊道
磁性空间之游艇码头区
磁性空间之亲水平台区
磁性空间之绿化景观区

三等奖

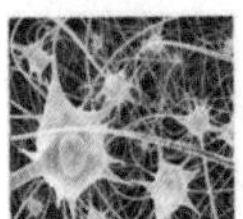

URBAN NEURONS

以联系、体验为主题的城市神经网络构建

Construct the urban neural network with the theme of contact and experience

指导教师

叶静婕

建立联系塑造空间，丰富体验创造生活

相比于其他三个地块，港一公司地块位于长江南京段与幕府山之间，在基地内可以回望幕府雄伟，纵观永济江流，是滨江周边区域内最佳观江地点，同时也可以顺应上位规划展现南京市大山大水格局。

我们总结了宏观、中观、微观等多级数个问题。通过对这些问题的核心价值评定、综合分析后，我们针对基地的现状总结出两个核心问题，即如何整体关联周边地区、如何吸引周边对应人群并提出了体验与联系两个关键词。“以联系打通，以体验激活”是我们的解决目标。

微观层面，我们对基地内部现有建筑进行更新改造营造“港口体验核心区”作为神经元的“新内核”；同时构建基地与幕府山、长江、上元门水厂、五马渡广场等各个不同的城市重要节点在空间和功能上的联系，营造“多级联系线”作为神经元的连接触手。以新的神经元在城市神经组织中发挥作用。

中观层面，更新后的神经元与周边的城市神经元利用交通空间与互联网空间进行网状联系，利用不同神经元的空间特质与功能特质对周边人群进行重心吸引，最终形成具有相似特征的城市神经组织。

宏观层面，区域内不同偏重的城市神经组织互相联系、交织、补充、吸引，形成功能完善的城市神经系统，最终城市内各种不同的神经系统互相联系完善形成城市神经网络系统。

在多级策略的基础上，我们还针对港一公司地块进行了详细的策略设计，通过对多功能活动区、泛功能租赁区、场地交流单元的建设，利用无线科技和互联网技术将人与场地互相联系，在增强人的体验的同时利用 Neurons+ 反馈系统优化场地功能，实现人与场地实时联系的目标。

参赛学生

高靖葆

我眼中的“城市双修”是完善城市居民居住环境、提升城市生态建设的重要方式。城市双修不仅是对城市老旧空间和被污染环境的修复和修缮，更是对城市被遗弃的历史文化和有问题的社会生活方式的完善。在这次竞赛中，我了解到了从宏观、中观、微观多种视野去思考问题，从社会、人居环境、生态品质、空间功能、基地历史等多种方面解决问题。同时，在空间模式之外我们也要学会利用“智慧城市”“互联网+”等科技去解决提出一些策略去帮助我们更加快速、更加准确的应对城市病。最后也要感谢共同努力的小组成员和认真负责的指导老师。

侯笑莹

高速的城镇化进程带来了许多城市病，城市双修根据当代背景提出了一个解决措施。这次竞赛让我们对城市双修有了初步的认识，也让我们对南京这座有着满满历史感的城市有了进一步的了解。在团队合作中，我们发现了不同专业之间思维的差异，在沟通之后，我们充分理解了对方的想法，并且相互学习，对我来说这是一段难忘的记忆。

对于初步接触城市设计的我们遇到了许多问题，是老师的指导和同伴们的相互支持才让我们有了满意的成果。

孙海婷

很高兴能跟我的队友们一起获得三等奖。参加竞赛是一件有趣的事情，在各个方面都令我有所提升，不仅在前期的调研、方案的设计以及出图方面有所收获，在团队协作，时间安排方面也有很大提升。感谢老师的耐心指导，为我们提供了很大帮助；同时，感谢小组同学的共同努力。这次的竞赛经历是难能可贵的，与老师队友的交流将成为我的宝贵财富。

岳晨雨

此次竞赛是我第一次接触城市设计，在老师的指导下，我们从前期资料的收集与分析，到现场的实地调研，对基地问题分析与价值判定，再到最终设计成果的完成，都深入地学习到了城市设计的相关知识，让我对生态和城市的关系进行了更深的探索，这次的体验，也让我对南京这座历史沧桑、山水环绕的城市有了更深入的认识。感谢小伙伴们，让我了解到不同专业对城市问题的思考，涉猎到了超出自身专业之外的知识，也学会了与不同专业的小伙伴一起进行思考与探索。最后，感谢我们叶老师的悉心指导，让我们有了满意的成果。

赵晨思

未来城市面对的不仅仅是城市建筑的更新改造，同时在城市规划过程中也要注重场地与自然的结合，或者对场地本身自然的修复。在这次竞赛中，我更加认识到对一个基地的规划设计不仅仅要考虑“周边”，更要扩大到整个城市、地区，将基地置入整体，形成一个有逻辑的构架网络，才能让基地的规划设计与整体城市地区相协调。

同时，要感谢老师的悉心指导，老师在整个方案的生成过程中不断对我们提出改进意见，对大家的能力提升起了很大的帮助，总之本次竞赛绝对是一个难能可贵的经历。

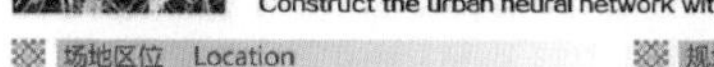

URBAN NEURONS

以联系、体验为主题的城市神经网络构建

Construct the urban neural network with the theme of contact and experience

场地区位 Location

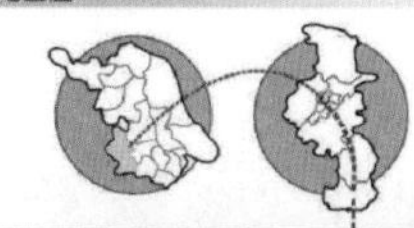

规划背景 Background

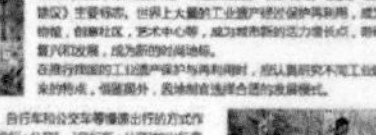

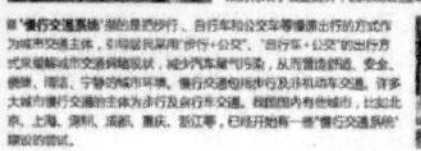

设计思路 Design Ideas

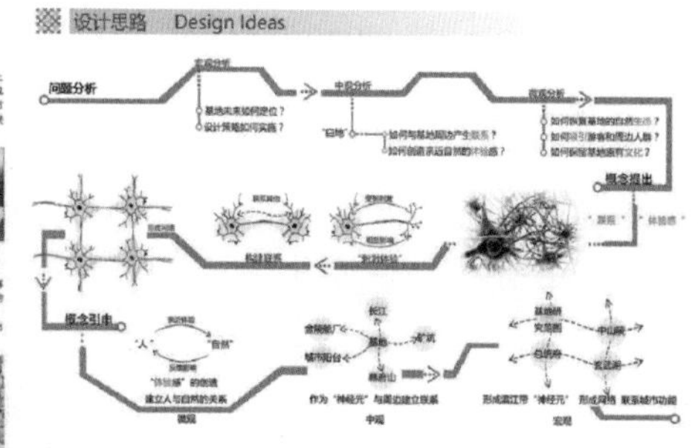

设计说明 Descraption

本次设计基地位于长江南京段与幕府山之间，基地背山面水、视野开阔，是滨江周边区域内最佳展现大山大水格局之处。

通过调研，我们总结了宏观、中观、微观等多项问题。通过对这些问题的核心价值评估、综合分析后，我们针对基地的现状问题总结出了体验与联系两个关键词。"以联系打通，以体验激活"是我们的解决目标。

微观层面，我们对基地内部现有建筑进行更新改造，营造"港口体验核心区"作为神经元的"新内核"；同时构建基地与幕府山、长江及各个不同的城市节点空间和功能上的联系，营造"步行系统"作为神经元的连接脉络，以新的神经元在城市神经组织中发挥作用。

中观层面，更新后的神经元与周边的城市神经元进行网状联系和圈心吸引，最终形成具有相似特征的城市神经组织。

宏观层面，区域内不同偏重的城市神经组织互相联系、交织、补充、吸引，形成功能完善的城市神经系统，最终城市内各种不同的神经系统互相联系完善形成城市神经网络系统。

在多级策略的基础上，我们还针对港一公司地块进行了详细的策略设计，通过对多功能活动区、定制租赁区、场地交流单元的建设，利用无线科技和互联网技术将人与场地互相联系，在增强人的体验的同时利用Neurons+反馈系统优化场地功能，实现人与场地实时联系的目标。

宏观分析 macrography analysis

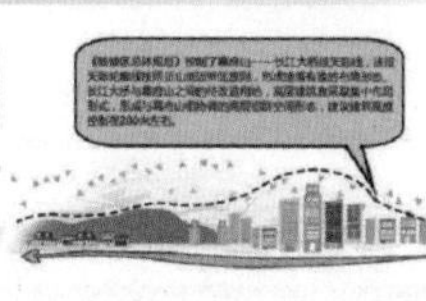

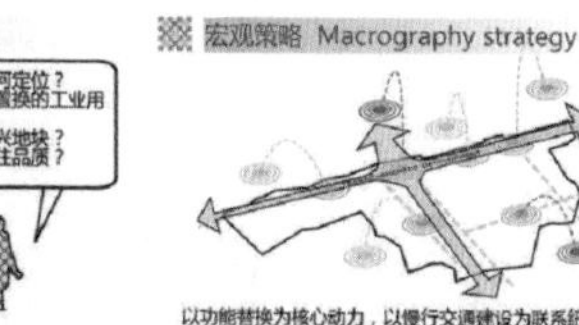

宏观策略 Macrography strategy

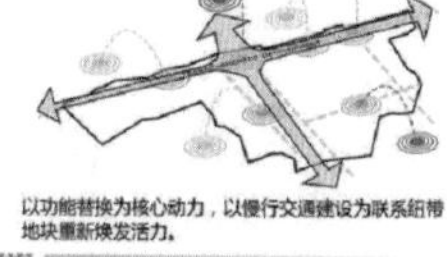

以功能替换为核心动力，以慢行交通建设为联系纽带，令地块重新焕发活力。

人群分析 Residet

基地现状 Actuality of Bases

中观分析 Medium-analysis

微观分析 Micro-analysis

基地北侧遗留五座塔吊，每座塔吊约38米五座塔吊线性排列形成了具有港口特色的塔吊广场。

基地的中心部分遗留了一个仓库，仓库体积约为60*110*11米，内为桁架结构的大开间建筑。

仓库西侧为一座五层砖混建筑，建筑西侧为一个外挂楼梯，建筑原为提货大楼，是该港口货运活动的起点。

基地北侧有一条滨江慢行带贯穿其中，该慢性带串联城市阳台、金陵船厂甚至整个滨江区所有人群的滨江活动。

基地南侧为一条城市支路——永济大道，永济大道隔绝了基地与幕府山之间的人群。

微观策略 Micro-strategy

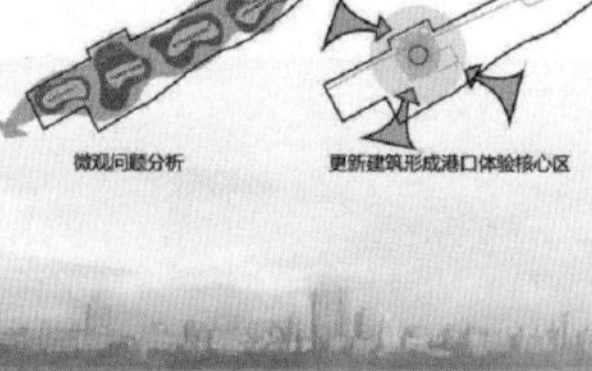

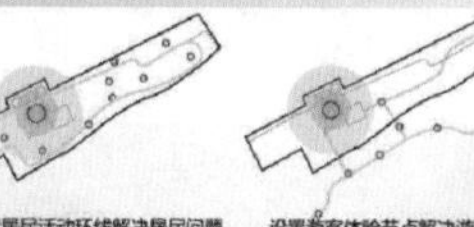

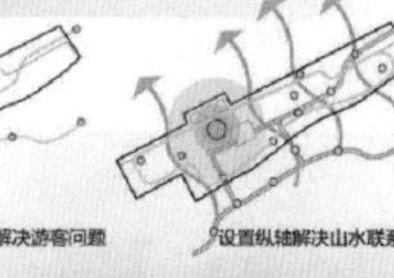

微观问题分析　更新建筑形成港口体验核心区　设置居民活动环线解决居民问题　设置游客体验节点解决游客问题　设置纵轴解决山水联系

三等奖

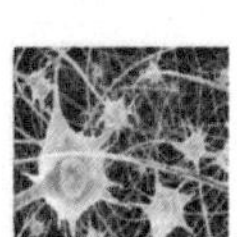

URBAN NEURONS

以联系、体验为主题的城市神经网络构建

Construct the urban neural network with the theme of contact and experience

三等奖

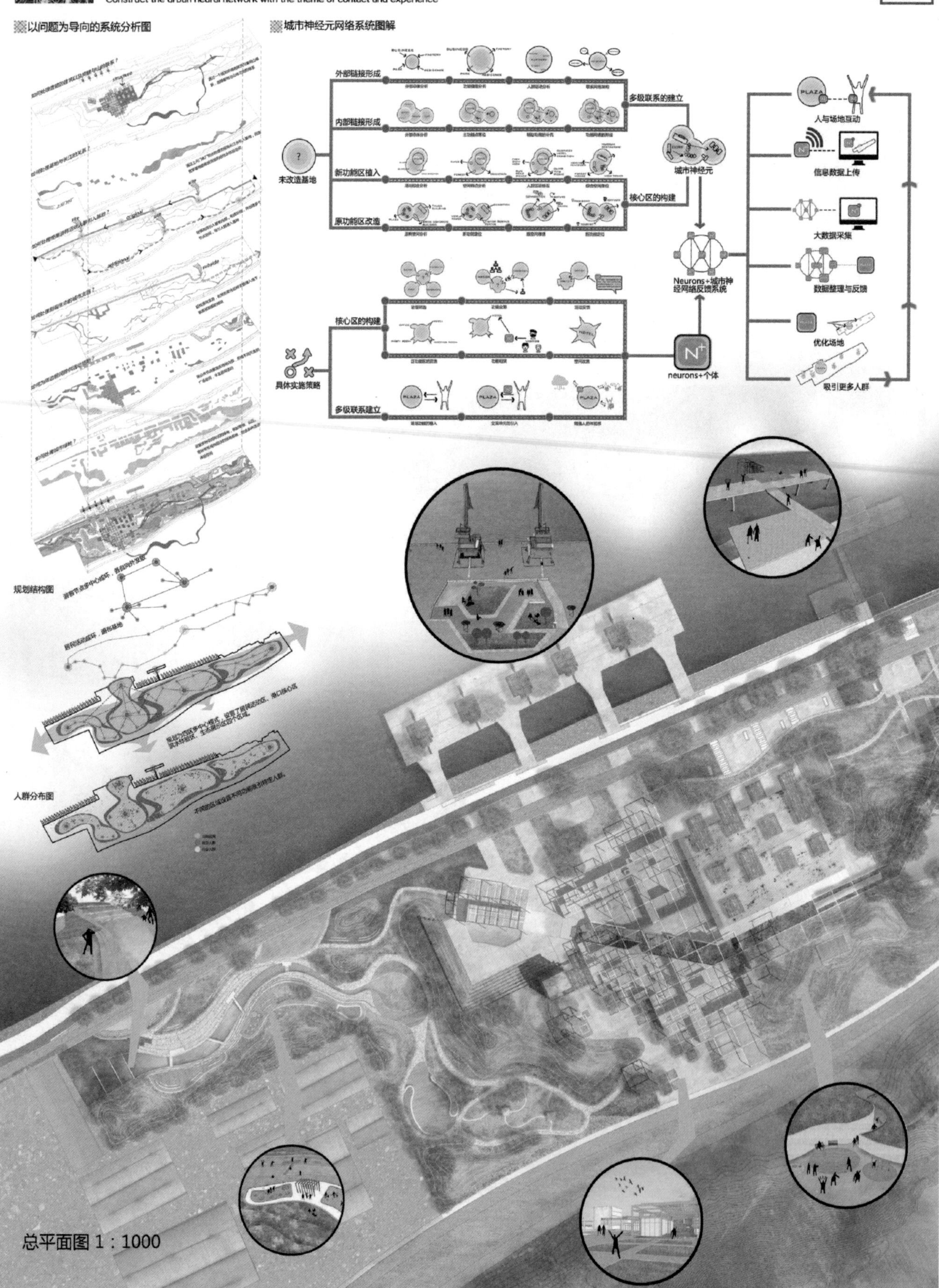

URBAN NEURONS

以联系、体验为主题的城市神经网络构建

Construct the urban neural network with the theme of contact and experience

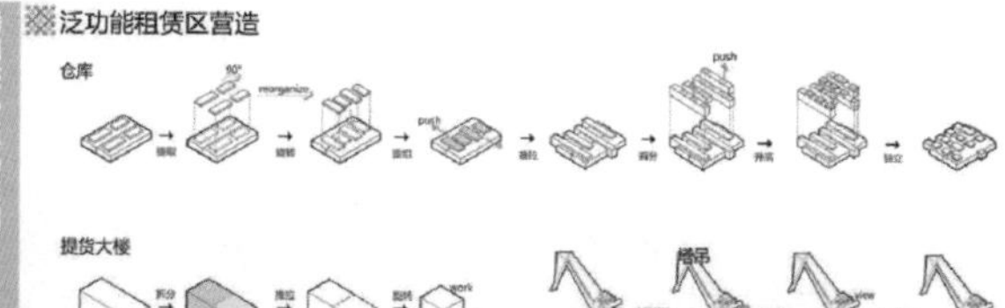

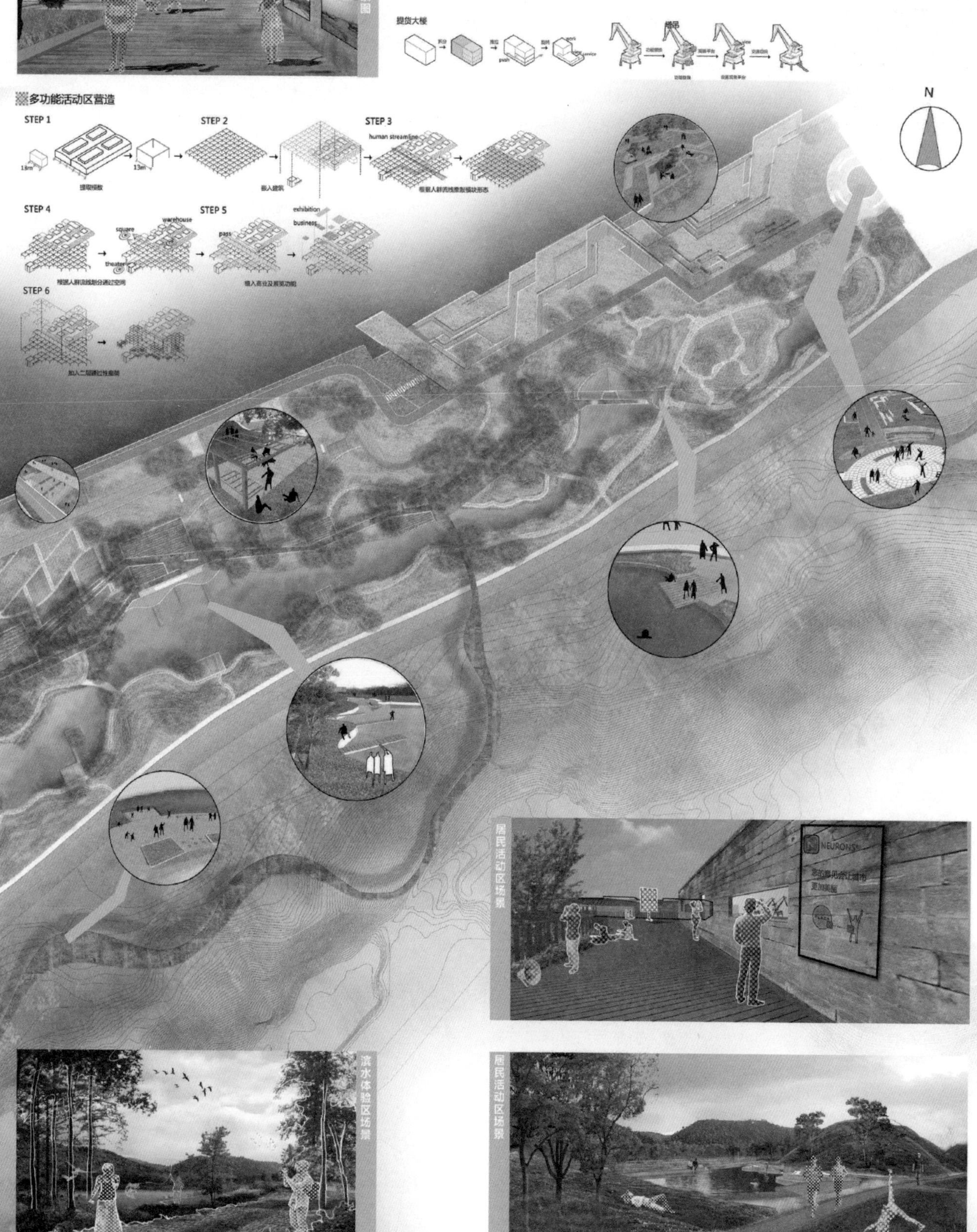

三等奖

再创码头新活力 疯狂码头 文脉延续 活力再生

指导教师

杨子江

因蹈自然，融新重生

如何让南京沿岸的老工业码头“疯狂”起来？让20世纪繁荣的老工业区焕发生机与活力？如何让因工业破坏的生态得以修复？针对这一系列的问题，我们设想将该区域建设成一种生态化的城市阳台、一个拥有历史文脉的区域、一个开放的公共空间、一个新活力的社交场所。我们结合港一公司的工业遗址和南京幕府山滨江景观带，打造出一个集博物馆、展览馆、主题娱乐、主题酒店为一体的 lifestyle center。“眼睛”与“心灵”才是真正消费的主体，该设计以摒弃依附，独立吸引，错位发展为核心价值，再创老工业码头的新活力。

参赛学生

汪志堃

如何对该区域进行功能修补和生态修复是该设计方案的出发点。如何让南京沿岸的老工业码头“疯狂”起来？让20世纪繁荣的老工业区焕发生机与活力？如何让因工业破坏的生态得以修复？针对这一系列的问题，我们设想将该区域建设成一种生态化的城市阳台、一个拥有历史文脉的区域、一个开放的公共空间、一个新活力的社交场所。我们结合港一公司的工业遗址和南京幕府山滨江景观带，打造出一个集博物馆、展览馆、主题娱乐、主题酒店为一体的 lifestyle center。营造能吸引人和留住人的空间，以盈利为精神创收、以非营利为精神创收的第四代商业模式。为该区域注入新的活力。

最后由衷的感谢中国城市规划学会对此次竞赛的大力支持，使我们学到了书本以外更多的知识，对城市规划有了更进一步的认识，让我们在竞赛中有了新的成长与进步。

荣谦

滨江地带，历史风貌区，衰落的码头，几乎没有开发的山地，相当有趣的题目。如何使土地重现活力是我们这次设计的主要目的。设计中我们摒弃了大轴线，大空间，摒弃大拆大建，立足自然和历史，对地块进行功能修补。通过有机的织补，达到拓展生境，系统再生的目的。比如，将原有仓库，塔吊改造成展览用地展现历史脉络，在山地森林地段结合自然建设独特的树屋旅馆等。在地段中填补新的功能，进行有机拼贴，多点激发土地活力，使生态共融，空间有序，让衰落的码头重新疯狂。一个真正有活力的城市，不仅要有好看的面孔，更要有有趣的灵魂。

一个月的竞赛生活有苦有乐，虽然中途遇到很多变故，但是我们坚持了下来。感谢我的导师和队友给我不断前行的力量，也感谢“西部之光”，给我们一个展现自己，战胜自己的战场。

饶悦

这次参加的暑期竞赛对我的帮助很大，认识了很多很用心做事的小伙伴，也见到了很多有创意的作品。我国的城乡规划事业发展取得了辉煌的成就，在今后，作为我们新一届的规划人，一定做到不忘初心，砥砺前行！

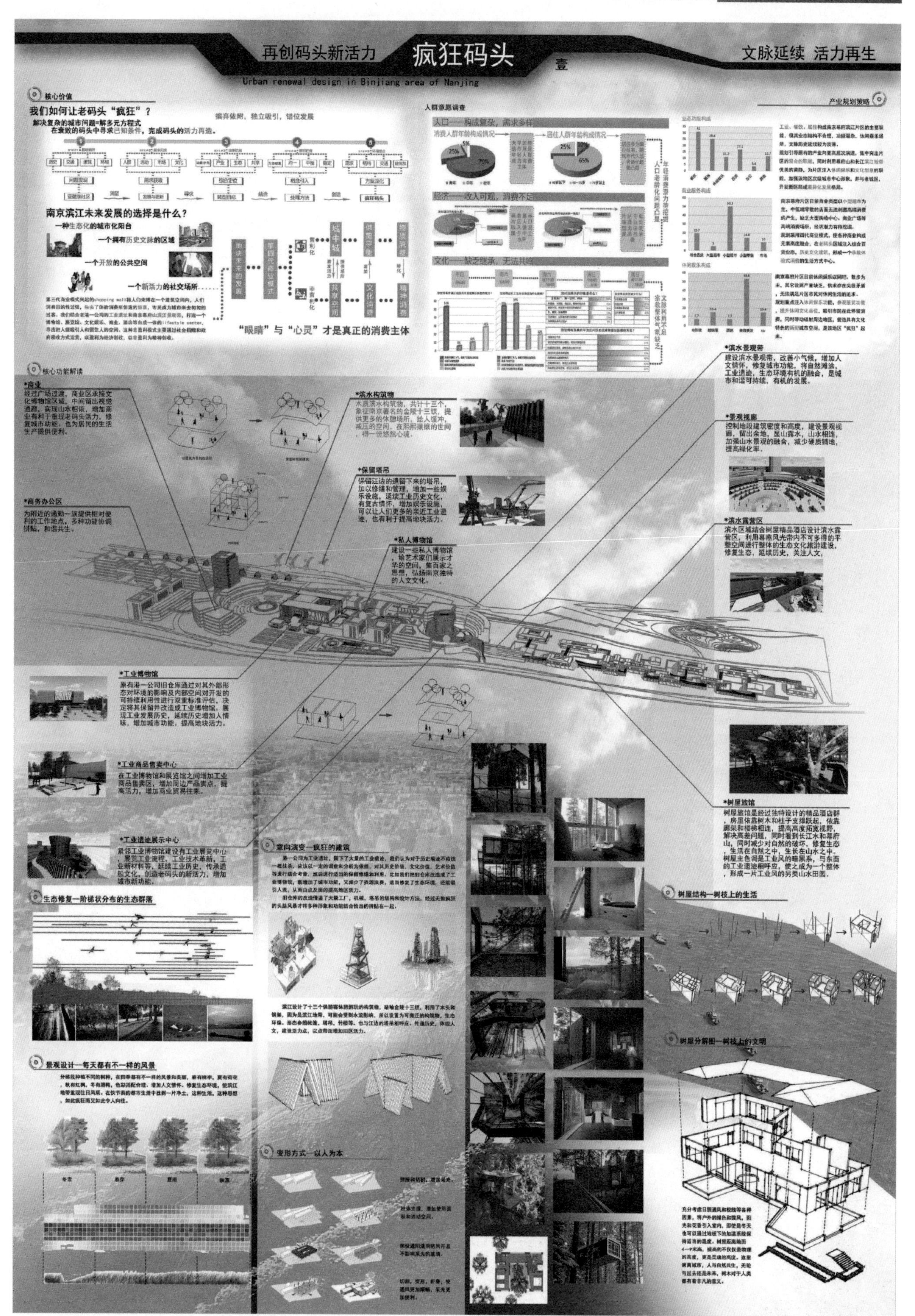
再创码头新活力
疯狂码头
壹
文脉延续 活力再生
Urban renewal design in Binjiang area of Nanjing
核心价值
我们如何让老码头"疯狂"？
南京滨江未来发展的选择是什么？
"眼睛"与"心灵"才是真正的消费主体
人群意愿调查
产业规划策略
核心功能解读
*滨水景观带
*景观视廊
*滨水露营区
*滨水构筑物
*保留塔吊
*私人博物馆
*商业
*商务办公区
*工业博物馆
*工业商品售卖中心
*工业遗迹展示中心
*树屋旅馆
生态修复—阶梯状分布的生态群落
景观设计—每天都有不一样的风景
变形方式—以人为本
树屋结构—树枝上的生活
树屋分解图—树枝上的文明

三等奖

双修与再生：南京滨江地区的城市更新设计

再创码头新活力 疯狂码头 贰 文脉延续 活力再生

Urban renewal design in Binjiang area of Nanjing

设计说明

如何让南京滨江沿岸的老工业码头"疯狂"起来，使上世纪萧条的老工业地区焕发新的生机与活力？如何让因工业破坏的生态得以修复？我们设想对该地区植入新的功能，如工业遗迹展览馆，老工业厂房改建的博物馆，私人会所，树屋旅馆，创建非盈利的精神的收空间，以此来打造南京一个独一无二有特殊吸引力的地区，吸引人并留住人的空间。并着重考虑滨河景观带与慢性系统的建立，打造中央北路生活轴终点，跨江服务第一站，典范滨江生态景观链地。

主要经济技术指标：

规划用地面积：224591平方米

总建筑面积：371256平方米

地上建筑面积：281589平方米

地下建筑面积：89667平方米

建筑密度：32.5%

容积率：1.65

绿化率：40.2%

停车位：1000个

背景与目标

地块现状

位于风景区附近，南京滨江沿岸地区，留有工业遗迹，有一定程度的生态破坏，城市功能混杂，呈现出一种腐朽的形态，缺少活力。进行功能调整，生态修复，空间再创造，激发该地区的新活力，使该地区"疯狂起来"。

功能调整

我们结合老港一公司的工业遗址和南京幕府山滨江景观带，打造一个博物馆、展览馆、文化娱乐、商业、酒店等自成一体的，寻找把人能吸引人和留住人的空间，焕发该地区的新活力。

历史文脉传承

基地优势

交通引导

历史积淀

文化牵动

生态先行

基地问题与对策

问题a

用地性质不清晰，功能混杂，无规划盲目开发，土地平整，集中连片，权属集中，岸线生产功能可剥离劣势。

对策a

土地高效合理利用，强调二维与三维的功能复合，并加强四维的活力策划。

问题b

交通组织混乱，过境交通干扰严重，人车矛盾日益突出，静态交通设施严重缺乏。

对策b

改车行优先思想为步行优先，建立立体的交通系统，开发地下空间，组织静态交通。

问题c

居住区建设年代久远，建筑质量一般，建筑密度过高，缺乏公共绿地，安全卫生堪忧。

对策c

提供多样的居住选择类型，增设休闲空间，改变传统规划模式，使商住相溶解。

问题d

防汛防涝要求高，水位高差变化大，岸线与水面的利用方式受限距离成熟的商业街区较远，缺乏氛围。

断裂

对策d

近水而不亲水，打造特色文化产业、非盈利性业态，吸引人并且留住人，延续历史文脉。

链接

历史沿革

金陵制造局，中国近代工业重要发源地之一，它是当今保存最好，格局最完整，现存价值最高的军工机械工业。

永利铔厂（南京化学工业公司）中国化学工业的摇篮，最早化工基地之一，南京第一袋化肥，第一包催化剂，以及第一套合成氨，先后创造了30多项"中国化工之最"

规划系统分析

滨水带状空间

山水景观廊

空间节点

规划结构分析

主要车行道

次要车行道

主要人行道

道路交通分析

景观节点分析

功能分析

现状人群活动分析

RESIDENTER

TOURISTS

WORKERS

STUDENTES

BELIEVER

空间组织

山水关系

规划天际线

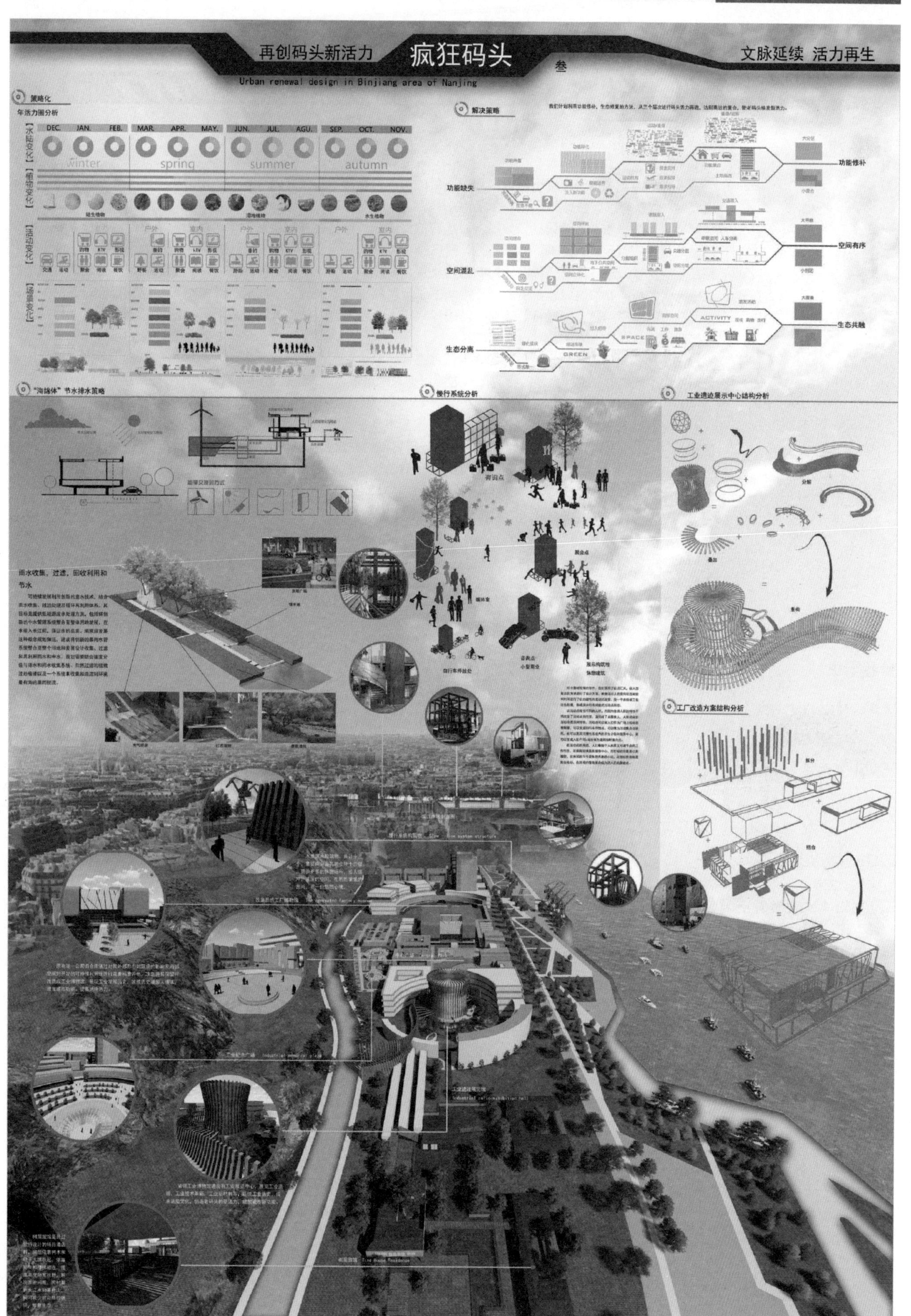

再创码头新活力
疯狂码头
文脉延续 活力再生
Urban renewal design in Binjiang area of Nanjing
策略化
年活力图分析
解决策略
功能缺失
功能修补
空间混乱
空间有序
生态分离
生态共融
"海绵体"节水排水策略
慢行系统分析
工业遗迹展示中心结构分析
工厂改造方案结构分析
雨水收集、过滤、回收利用和节水

三等奖

指导教师

李云燕

多产业迭代的工业朋克

金陵船厂地块位于南京市新城区江北新区的对岸、幕府山片区之内，具有一定的历史人文环境和浓厚的工业遗迹，是代表南京市独特工业记忆的城市名片。

通过对基地本身的调研认知，结合对人群的访谈和资料的搜集，我们发现南京市兑菜点问题的严重以及相应功能的缺失。而问题的关键，据我们推测是由于下关白云亭综合市场的搬迁，导致兑菜商人无法在本区域中找到相应功能用地，故占用街道影响居民的正常生活。金陵船厂的工业记忆深厚，各种大型机械和厂房建筑有浓郁的工业文化氛围。我们的设计希望借助于地块的工业风格植入缺失的集市功能，完成城市功能的修补、解决失控兑菜点带来的生态问题，同时将老工业破坏的岸线植入生态元素，在完成城市双修目标的同时，又完成了传统工业遗产活化可以说是一举两得。

基于此我们展开了对设计理念的讨论，最终决定从金陵船厂的轨道元素切入，采用未来城市多产业迭代的理论对地块功能和形态进行梳理，希望以此创作一个未来城市范式，借助点的力量从局部带动周边。

整个场地的空间和功能分为三个层次：

1. 依托江岸条件和现代生态农业技术，打造都市桑基鱼塘和特色农产品种植，并通过养生餐厅和娱乐商业体的植入，形成具有观光旅游集体兼劳作的面向城市居民的充满乡情的休闲空间。

2. 重构金陵船厂工业遗产的形式功能，记录有价值的具有时代氛围的厂房设备，结合调研问题置换功能并发掘潜在景观节点，通过及时实现菜品自我供应，发挥中心功能菜市一兑菜点，引入产业循环体系，增加休闲娱乐设施，吸引人气串联各活力节点，形成历史游线。

3. 积极引入互联网 + 和 VR 技术以及无人机快速运输系统，实现都市农业高速采购物流的可能，解决城市居民购菜难的城市功能难题；完善产业链和独特的租户共享空间，成为艺术工作者激发灵感的创意空间，形成独特的商务氛围。

总而言之，本设计以解决城市双修问题为核心，以多产业迭代的传统工业遗产活化为策略，以轨道市场的造型元素串接始终，打造新南京的未来城市范式。

参赛学生

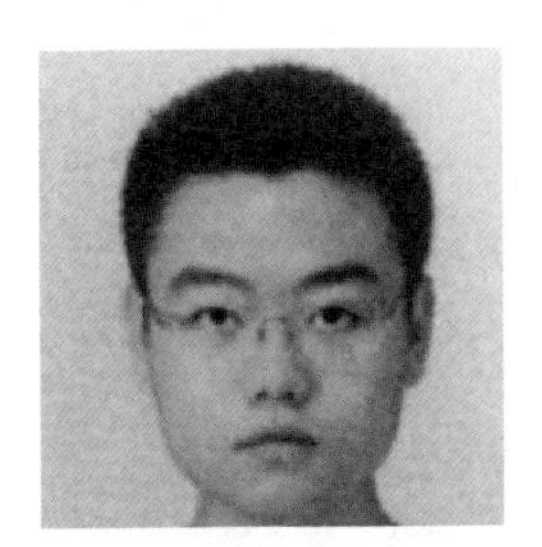

王锐石

通过本次竞赛对南京城市有了更加深入的认识，体会了一种完全不同的城市文化。同时在设计的过程中，通过探索和重构更能与城市的历史和文化进行更加深入的对话，这既是对未来的创作，又是对场地的朝圣，我们都十分乐在其中。可能设计的成果有些过分恣意，没有了传统学院派设计手法的规则约束，但大家都尽力、尽心、尽兴去做了，无论对场地的真实规划是否有帮助，我们都感到受益匪浅。

张政

很高兴这次能和组员们一起完成这个富有创造性的设计，首先得感谢我们老师的谆谆教导，其次是各个组员的团结一心。在这个竞赛过程中，我们对某一些问题研究过、讨论过、争执过，而经过这近一个月时间的磨合，最终的得到这样一份还算满意的成果。这次获奖对我来说既是一种鼓励同时也让我明确了未来努力的方向。

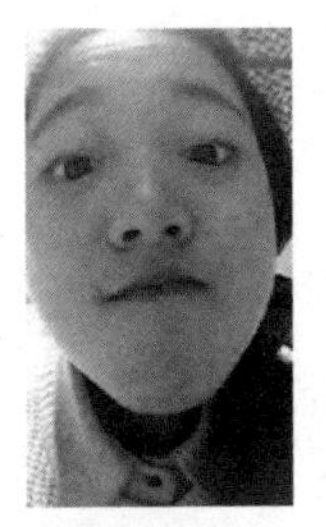

明佳文

说起这次竞赛其实也是参加得毫无准备，本着学习的心态试一试，意外获奖很幸运了。参赛过程让我受益颇多。前期方案构思从中规中矩的死板中突然天马行空，再慢慢收敛变成我们自己独特的风格，开脑洞的过程是最嗨的，巴不得自己的奇思妙想都能实现，不过终归要落到空间上才行。本以为一个月的竞赛，四个人三张图会过得无比轻松，结果还蛮辛苦的，不过现在回想起来和大家一起画图吃外卖的日子还是不错的！

罗梦麟

这次有幸参加“西部之光”规划设计竞赛并荣获了最佳创意奖，首先感谢这次竞赛为我和组员们提供一个展示自我设计能力的平台，还有学校的关心和指导老师不辞辛苦地细心教导。

结合城市双修的主题，并运用我们大学三年的规划设计知识，由整体到局部展开了空间布局并提炼出了轨道这一功能和形式的亮点，其间与充满了队友和老师们的思维和智慧相碰撞，当然也少不了在炎炎夏日中的汗水和努力。

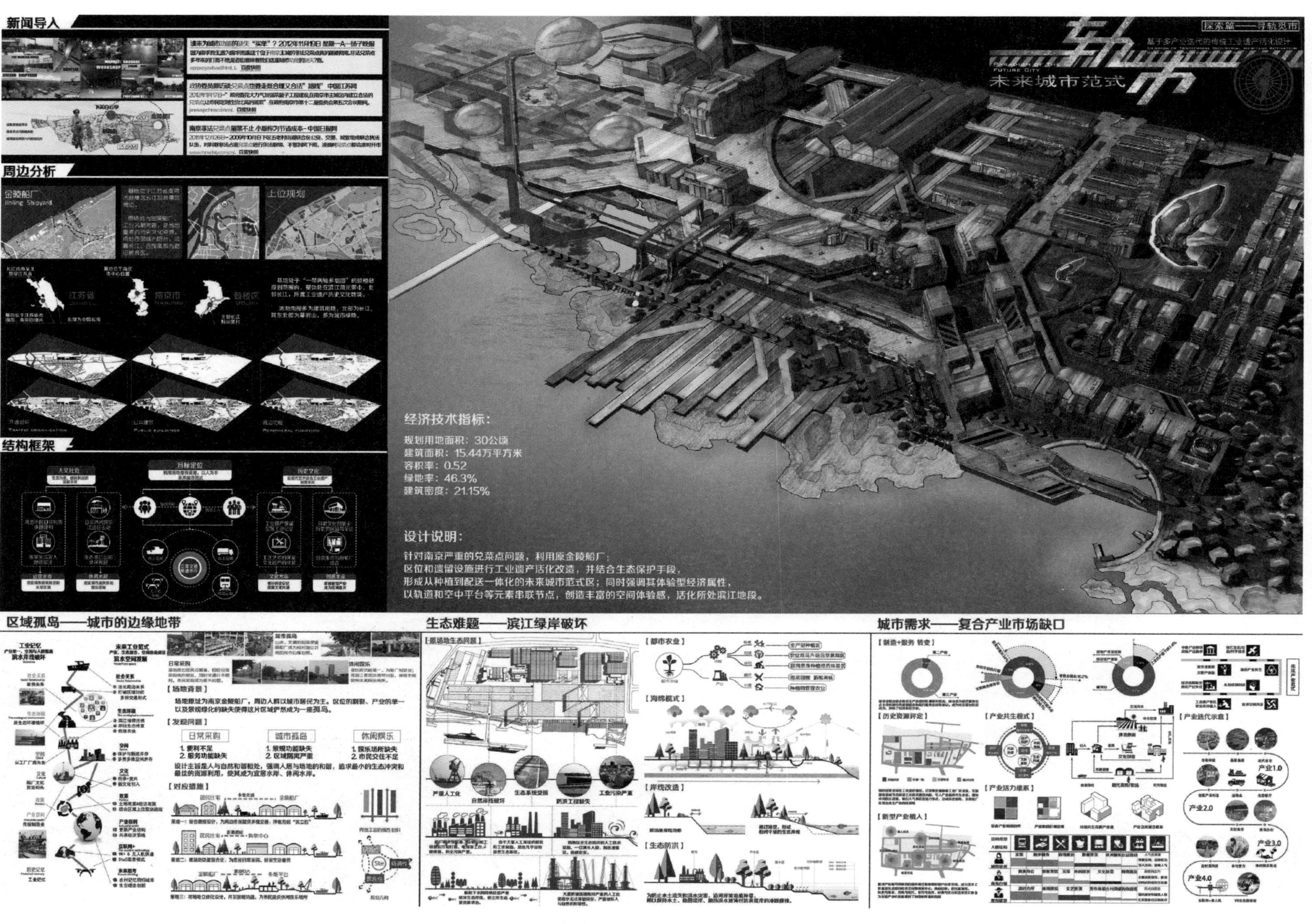
探索篇——寻轨觅市
基于多产业迭代的传统工业遗产活化设计
轨市
未来城市范式
新闻导入
周边分析
金陵船厂
Jinling Shipyard
上位规划
江苏省
南京市
鼓楼区
结构框架
人文社会
目标定位
历史文化
经济技术指标：
规划用地面积：30公顷
建筑面积：15.44万平方米
容积率：0.52
绿地率：46.3%
建筑密度：21.15%
设计说明：
针对南京严重的兑菜点问题，利用原金陵船厂；
区位和遗留设施进行工业遗产活化改造，并结合生态保护手段，
形成从种植到配送一体化的未来城市范式区；同时强调其体验型经济属性，
以轨道和空中平台等元素串联节点，创造丰富的空间体验感，活化所处滨江地段。
区域孤岛——城市的边缘地带
【场地背景】
【发现问题】
日常采购
城市孤岛
休闲娱乐
【对应措施】
生态难题——滨江绿岸破坏
【都市农业】
【海绵模式】
【岸线改造】
【生态防洪】
城市需求——复合产业市场缺口
【制造+服务 转变】
【历史资源评定】
【产业共生模式】
【产业迭代示意】
【产业活力体系】
【新型产业植入】
产业1.0
产业2.0
产业3.0
产业4.0

最佳创意奖

轨市

创作篇——铺轨建市

基于多产业再生的铁轨工业遗产活化设计

FUTURE CITY 未来城市轨迹

元素提取

多方案对比

平面分析

基地位置 Site location

建筑功能 Building function

公共空间 Public realm

建筑肌理 building texture

鸡嘴整体形态为传统船厂布局

原场地建筑功能简易单一

原场地开放空间连续单一形态

原场地建筑与工业设施肌理

方案多样元素整合

方案建筑功能多类复合形态

方案开放空间多维多层次布局

方案建筑与二层平台肌理

建筑密度：21.15%

功能分析

A 渔人码头 Fisherman's Wharf
白月港湾
文化展览区
融合商业

B 货物配发 The goods delivery
无人机转运平台

C 概念住区 Concept settlements
生态住区
社区活动中心

D 兑菜点 Vegetable market
文创中心
创意集市
综合批发区域

E 商业服务 Business services
办公建筑区
商业休闲区
餐饮娱乐区

F 生态科研示范基地 Ecological architecture

遗产保护——建筑改造设计

建筑单体改造策略

Method 1. 剥去表皮，保留结构骨架，植入新功能，设计新立面。

Method 2. 加建或拆除部分建筑，保留建筑和新建建筑，屋顶与平台相连成为可达性良好的公共空间。

Method 3. 化整为零 手富单一功能的原厂房的空间体验，重构更新利用价值。

建筑组合改造策略

Step 1. 点状公共空间激活厂房留存建筑之间的联系

Step 2. 重修被拆除建筑，实现空间共享

Step 3. 融入活动单元，营造广场中心

构筑物更新设计

VERTICAL BRIDGE 原场地管状钢材作为骨架的结构材料

TRACK PLATFORM 原有轨道改造，延续场地原状，就地设计站台和构筑物

LINKING CUBE 原场地原元素和材料重组交通的联系二层平台

垂直交通构筑

①底层便民店铺 ②设立公共空间 ③办公空间 ④无人机升降平台 ⑤商业综合体

廊道步行系统

二层轨道系统

生态设备管沟

地下停车

STUDIO RESTAURANT MARKET OFFICE CINEMA SHOPPING MALL 车行道 慢行步道

轨市——轨道交通系统

轨道的现状与利用价值

轨道多维联系

以产业工作者、当地居民、外来游客为对象，设计轨道流通路线，串联重要节点

产业流线 旅行游览线 居民生活线

scene 1. 双层轨道与平台的联系

scene 2. 轨道与工业遗产・生产之间的联系

scene 3. 轨道与居住区之间的联系

生态修复——景观改造技术措施

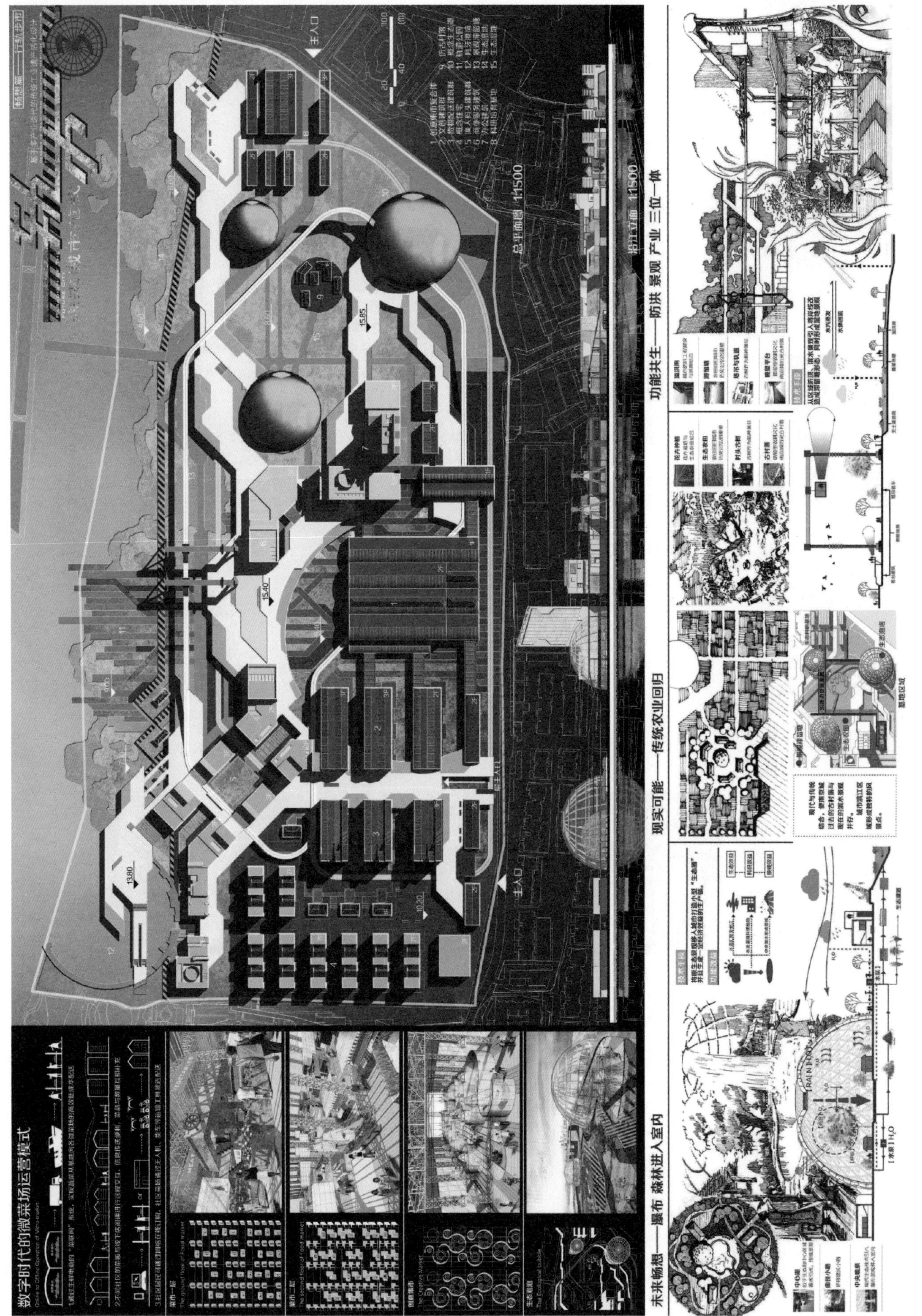
数字时代的微菜场运营模式
总平面图 1:1500
沿江立面 1:1500
未来畅想——瀑布 森林进入室内
现实可能——传统农业回归
功能共生——防洪 景观 产业 三位一体

最佳创意奖

REFUBISHMENT • GRAVITATION • REBIRTH

BASED ON THE THEORY OF GRAVITATIONAL FIELD JINLING DOCKYARD DISTRICT
基于引力场理论的金陵船厂再生改造 船·场

指导教师

杨育军

邹亦凡

郭婷

激发引力，重塑船“场”

在“城市双修”的背景下，南京江北地区已成为辐射周边地区的区域副中心，在产业结构与服务体系逐渐完善以及产业升级的带动下，南岸滨江地区也面临着新一轮的产业转型与升级。基地位于长江南岸金陵船厂片区，既是现代工业文化的遗址，又是历史文化的聚地，具有双重意义。

通过对基地本身的调研认知，结合上位规划和人群访谈，我们从基地与区域两个层面解读课题并发现总结问题，我们发现：金陵船厂已被划定为历史保护区，在改造中面临南京工业遗产改造同质化倾向等问题；基地原先属于金陵船厂，由于工厂性质地块与周边割裂，如何消除隔离，使其融入长江发展带成为一大问题。最终我们针对基地提出规划目标：力求塑造一个重现城市工业记忆、连接未来创意的城市滨江水岸公共空间；创造一个兼具创意聚集、文化展示、休闲娱乐、商务办公等复合功能的城市特色和活力片区。

基于此，我们展开了对设计理念的探讨，采用引力场理论，希望通过引力要素的发掘与引入使基地成为区域乃至整个城市的吸引点。

建“场”过程可以分为以下三个阶段：

建“场”核——引力点策略：激活基地内在的引力要素，利用基地内部原有引力点，二者形成共振。

传“场”力——引力极策略：单独场核的衍生、延展形成多个场核激发场力形成共振。根据不同引力点的分布形成划分区域的路径，不同地块之间以步行路径或廊道串联，互动发展。

营“场”域——引力场策略：引力极扩散形成引力域，引力域之间相互交融、消除边界，最终整个基地成为一个辐射力极强的引力场。

总结下来，建“场”过程为：发掘潜在引力点；激发场力形成引力极，相互辐射；相互交融，地块之间相互联系形成整体，对区域甚至更大范围形成辐射。

参赛学生

刘奕君

参加竞赛是一件很有挑战性的事情，它检验着我们的规划思维、我们对所学专业知识融会贯通的能力；教会了我们团队如何沟通与协作、如何精准表达自己的观点。最后，能够有幸获奖，也要感谢三位老师的耐心指导和组员之间的相互鼓励，这次竞赛的收获都将是我未来路上的宝贵财富。

潘烨生

从传统增量规划转向存量，更多注重城市肌理风貌的修补、体现多元化的城市生活。生态修复更多地呼唤对环境与人的包容性以及协调。本次基地是仍在运营中的船厂，借助“引力场”的理念进行规划设计，以船厂为引力点，通过策略将引力点扩散振场力以形成场域，更多地与城市互动。

田玉慧

很开心参与这次比赛，不仅仅是完成了一份设计，更多的是有机会和同学、外校相互交流，一起合作的过程。滨江地块，工业遗址带给我们极大挑战的同时又带来更多设计的想象。因为一次比赛，爱上一座城，这个感觉很奇妙，一直觉得规划是最有趣的事之一。

朱方乔

参加竞赛的过程是充满挑战但又富有趣味的。从最初基础资料的收集，到设计理念的衍生，再到方案的生成，一次次的头脑风暴和一次次的逻辑推导充分锻炼了我们的思维与能力。感谢老师的优秀指导和组员之间相互的交流成长，这次竞赛过程中收获的一切都将成为我前进路上弥足珍贵的财富与动力。

邹元昊

这是我第二次参加“西部之光”竞赛，并有幸能够获得最佳调研奖，再一次参加本次竞赛有着不一样的感觉：设计扎根于本土的重要性；其次，对于竞赛，要贯彻方案主旨、让团队分工时思路统一，才能快速地拿出有质量的成果，并且表达出自己的核心观点。希望自己在未来更加进步！

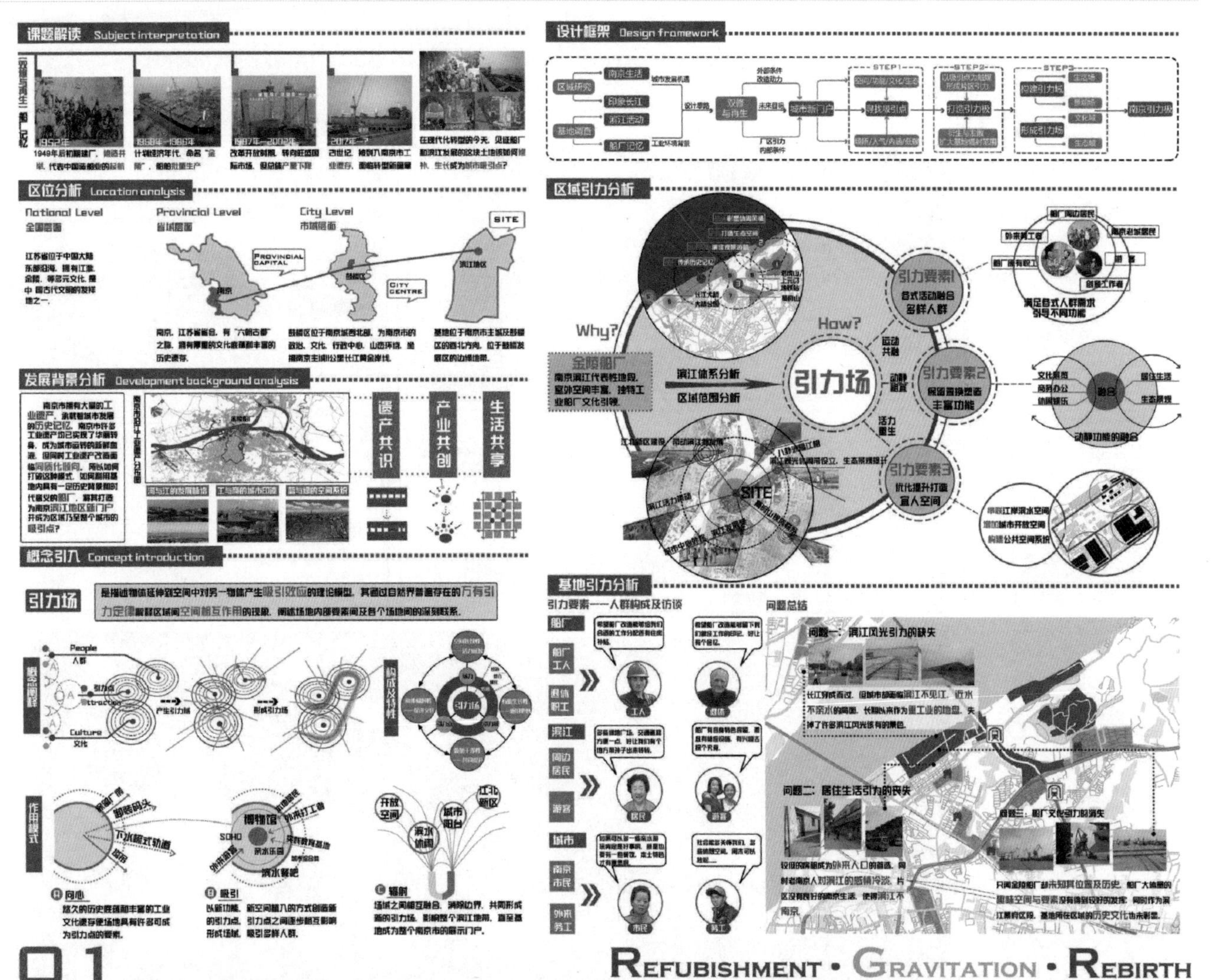

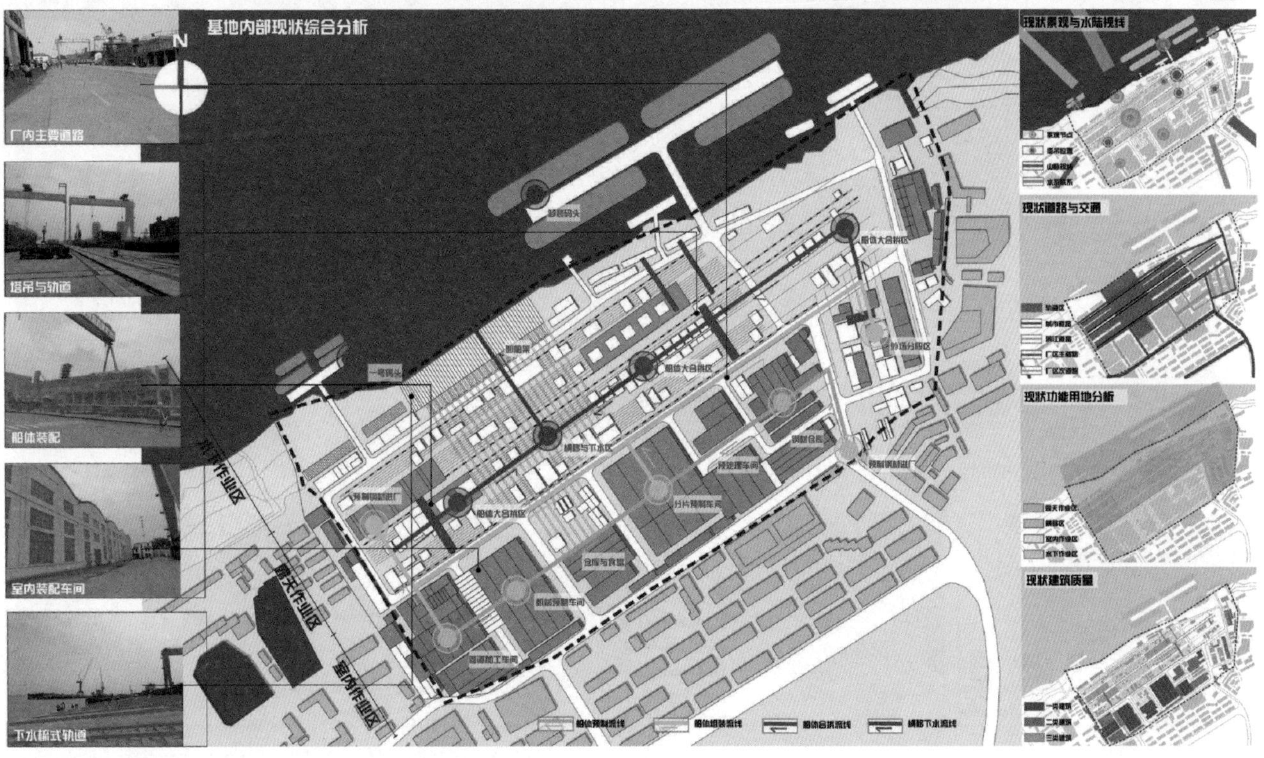

02

REFUBISHMENT · GRAVITATION · REBIRTH

BASED ON THE THEORY OF GRAVITATIONAL FIELD JINLING DOCKYARD DISTRICT

基于引力场理论的金陵船厂再生改造 船·场

建场核——引力点策略

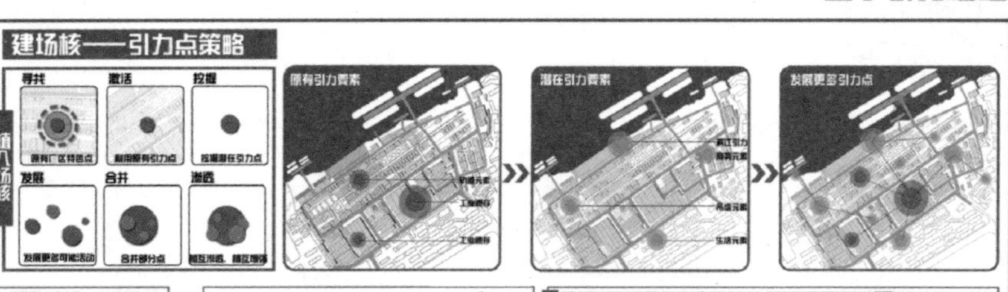

营场域——引力场策略

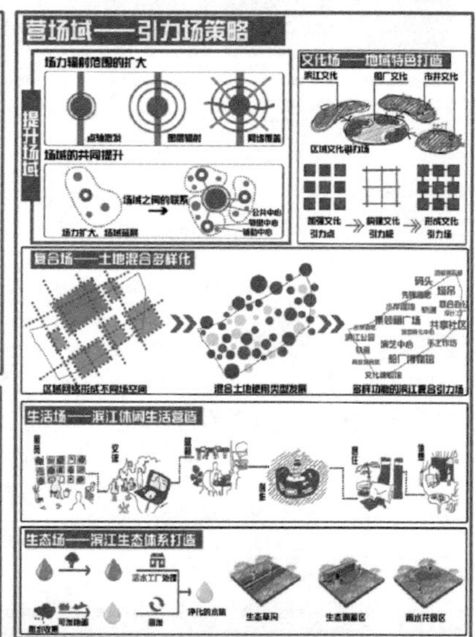

传场力——引力极策略

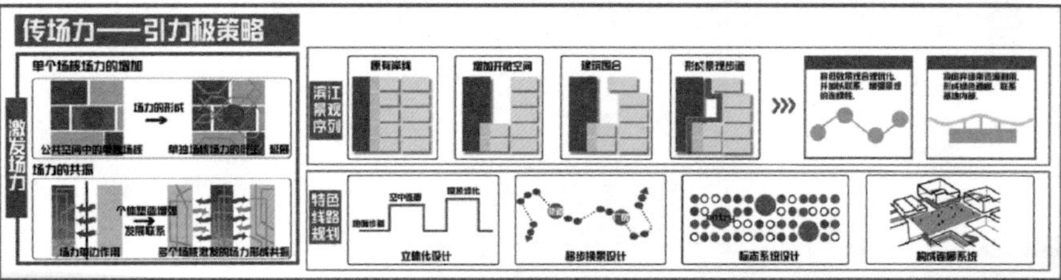

方案推演

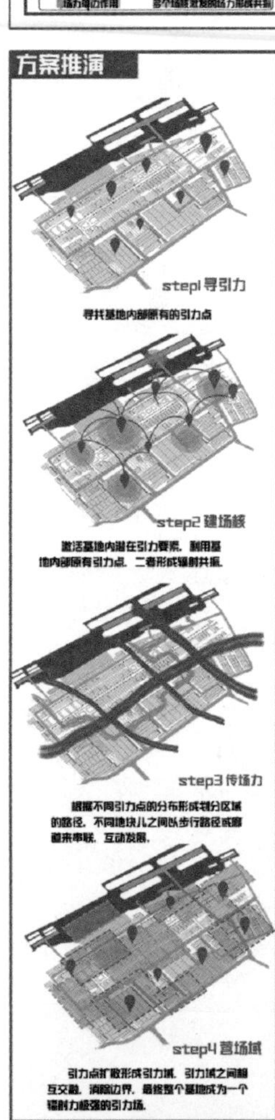

总平面图

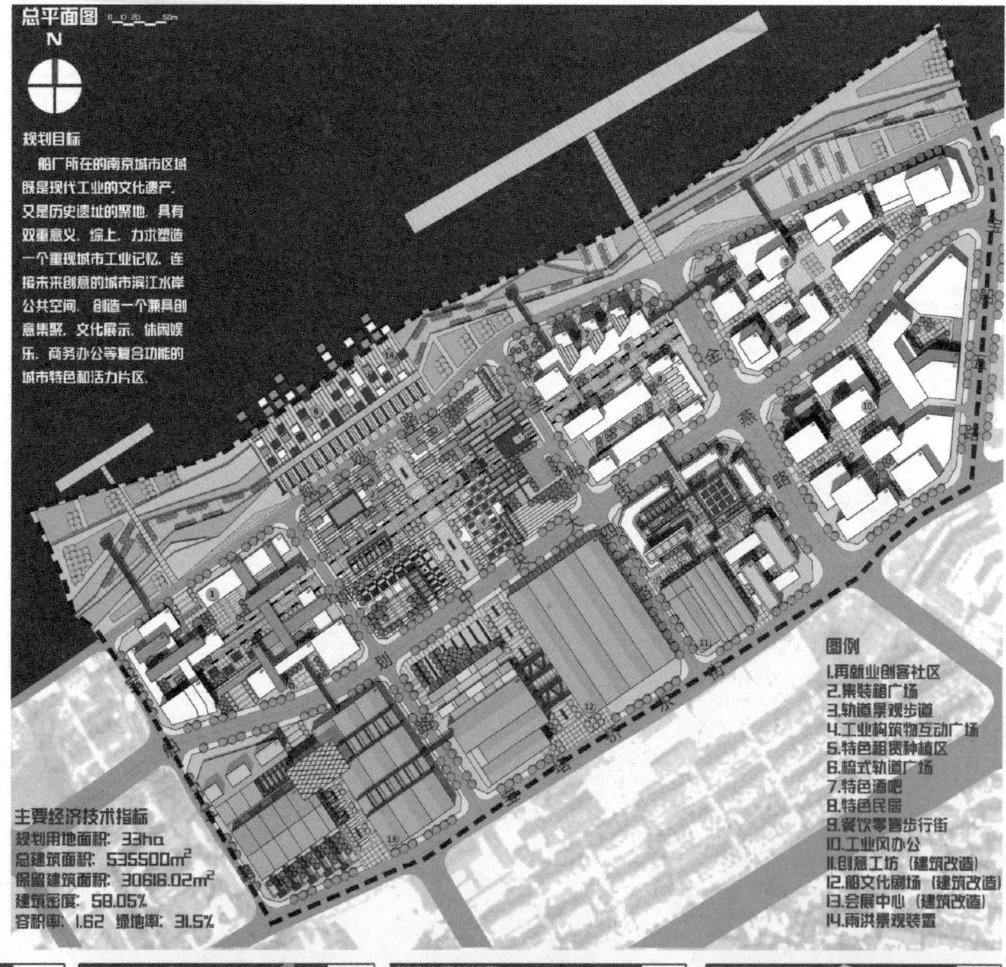

规划用地性质图

功能结构分析图

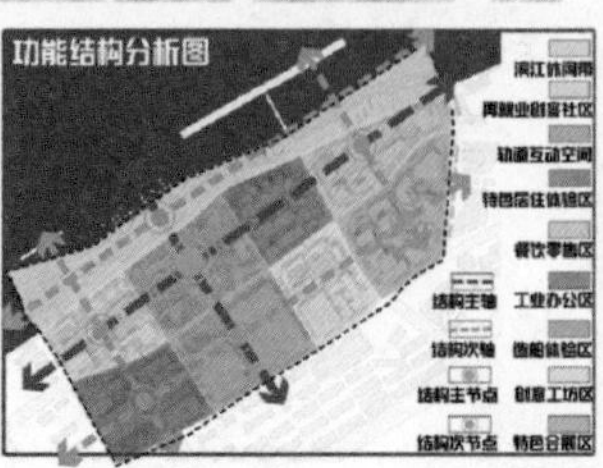

道路交通分析图

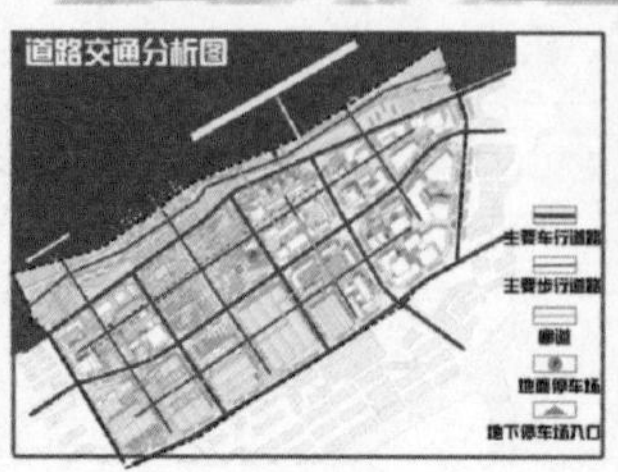

景观绿化分析图

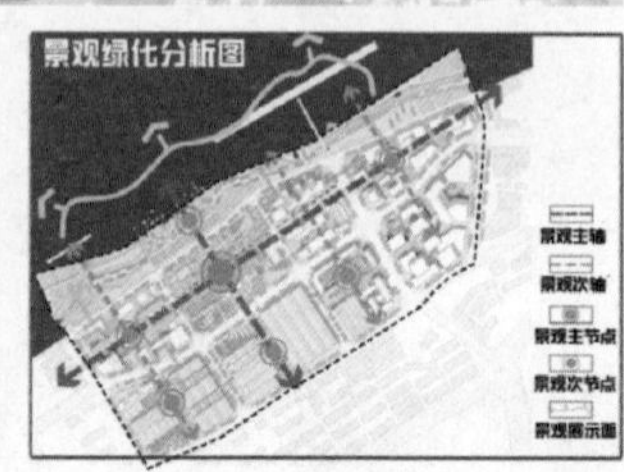

最佳调研分析奖

03 REFUBISHMENT · GRAVITATION · REBIRTH

BASED ON THE THEORY OF GRAVITATIONAL FIELD JINLING DOCKYARD DISTRICT
基于引力场理论的金陵船厂再生改造 船·场

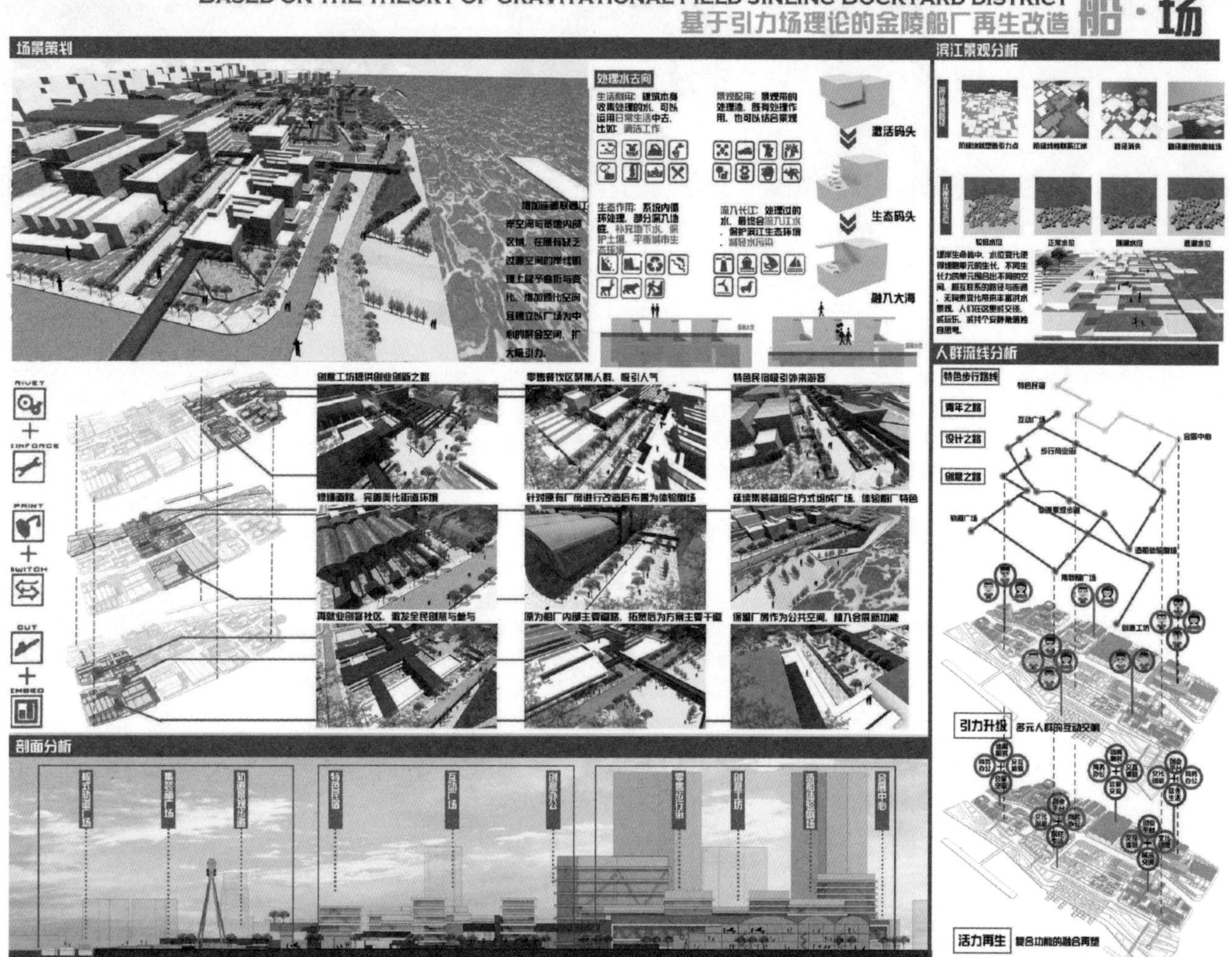

南京印象

涅槃重生

Nirvana Reborn

——着历史痕迹，享文化“苦”旅

指导教师

王禹

何田

着历史痕迹，享文化“苦”旅

幕府山位于南京市以北，长江观音景区西南角，是国家建设过程中开山采石运动的遗留产物。2003 年停止开采之后，不再具备生态观光作用的幕府山失去了仅有的经济价值，成为无人问津的废弃用地，人称矿坑。2007 年开始生态修复，至今已有十年，可成效所见甚微。我们不禁提出疑问：昔日文人政客钟爱之地、国家建设的奠基石难道就此没落？答案必须是否定的，我们相信“雄关漫道真如铁，而今迈步从头越”，矿坑定能涅槃重生。

鉴于矿坑目前的生态状况及南京市民需求，我们本次设计将矿坑定义为生态矿坑公园，以生态修复为主功能植入为辅，保留历史脉络的同时植入休闲游憩、娱乐健身等功能，激活矿坑被低估的潜在价值，营造健康、舒适、亲民的绿色公共空间，成为南京市别具一格的城市绿地。设计过程中以生态修复为理念，坚持在不破坏现有生态基础的前提下植入功能，在植被稀疏及裸岩区域打造居民活力点，增强地块活力及吸引力，建立矿坑·人·城市之间的有机联系，让城市中的每一个人享受生态修复带来的福泽。

着历史痕迹，享文化“苦”旅，为了体验与游览的紧密融合，我们将整个矿坑分为：矿坑体验、云中红袖、漫游花海、休闲养生、儿童游乐等部分，其中矿坑体验选在矿山裸露较多、高差较为明显、生态修复难度较大的地段，对其进行矿坑场景复原，这样既减少对地形的二次破坏又能保留矿坑的历史文脉。在此基础上再布置游步道，建立矿坑绝壁与坑底之间的联系，既能一览全局又可近距离接触矿坑，从而使人们从多角度、多尺度感受人为活动对自然的破坏，寓教于游。另外，通过前期调研分析我们还发现幕府山周边缺少绿色公共空间，并对周边市民进行访问，了解他们的需求，综合得出矿坑需要为市民提供一个休闲娱乐场所，为此我们在全局中融入本地市民活动空间。

参赛学生

陈立

在竞赛之前，我们从来没接触过矿坑之类的设计。在老师的耐心引导下树立了信心，做了很多前期分析，进行了各种尝试，一步一个脚印，走出了一片天地。一个人的力量终究有限，每个人都要学会取长补短，善于凝聚集体的力量，那样，前进的道路才会越来越宽。很感谢我的队友们与我并肩努力，也很感激老师们的辛苦付出，让我们在最好的年华成为更好的自己。

周磊

做这个选题的时候还是压力很大，感觉无从下手，但是在我们小组成员的相互鼓励下，终于完成了这次设计，对我自己来说真的是一次难忘的经历，几个人油头垢面一个多月，终于完成了我们的设计，现在回想起来还是觉得很有意思。同时，非常感谢我们的指导老师王禹老师以及教研室其他老师，整个比赛他一直在鼓励我们给我们出谋划策，没有老师们的付出就没有我们的作品。

汪云娇

分析矿坑，感受它曾经的斑驳，寻找其留下的痕迹，探索它存在的意义。解读城市双修、借鉴国内外优秀案例、分析矿坑现状优劣，明确主题、设计理念，对其所应存在的功能进行探索，充分考虑周边人群的需要，弥补曾经的破坏对其人们的伤害，让人们能看到矿坑的奇迹复活、生长和意义，能真正的“着历史痕迹，享文化苦旅”。感谢老师们的付出，感谢伙伴们与我一起共同作战。

李欠

当一切都尘埃落定，回想起以前，又觉得为之努力和奋斗的日子是如此的让人感动和兴奋。这一个月里专注于一件事，与小伙伴在磕磕绊绊中一点点完成最终成功，我们在争吵中获得灵感，又在相互的支持与鼓励中熬过瓶颈期，合作不易。我很庆幸,劳有所获。在若干年后，回想起一起学习努力的日子，我们都将会彼此会心一笑，感谢一起奋斗的每一位小伙伴和老师们。

李文博

此次我们全心专注于一个设计，做好充足的准备。但是矿坑所带来的挑战是前所未有的，一开始我们的想法除了种树还是种树，于是我们查看经典案例，与老师一同探讨，从不同人群需求的角度出发，发掘地块存在的潜在价值，努力提高作品兼容性、实用性。我们的最终作品虽然还存在诸多不足，可是我们已经从中收获颇多，十分感谢老师和队友的坚持与付出。

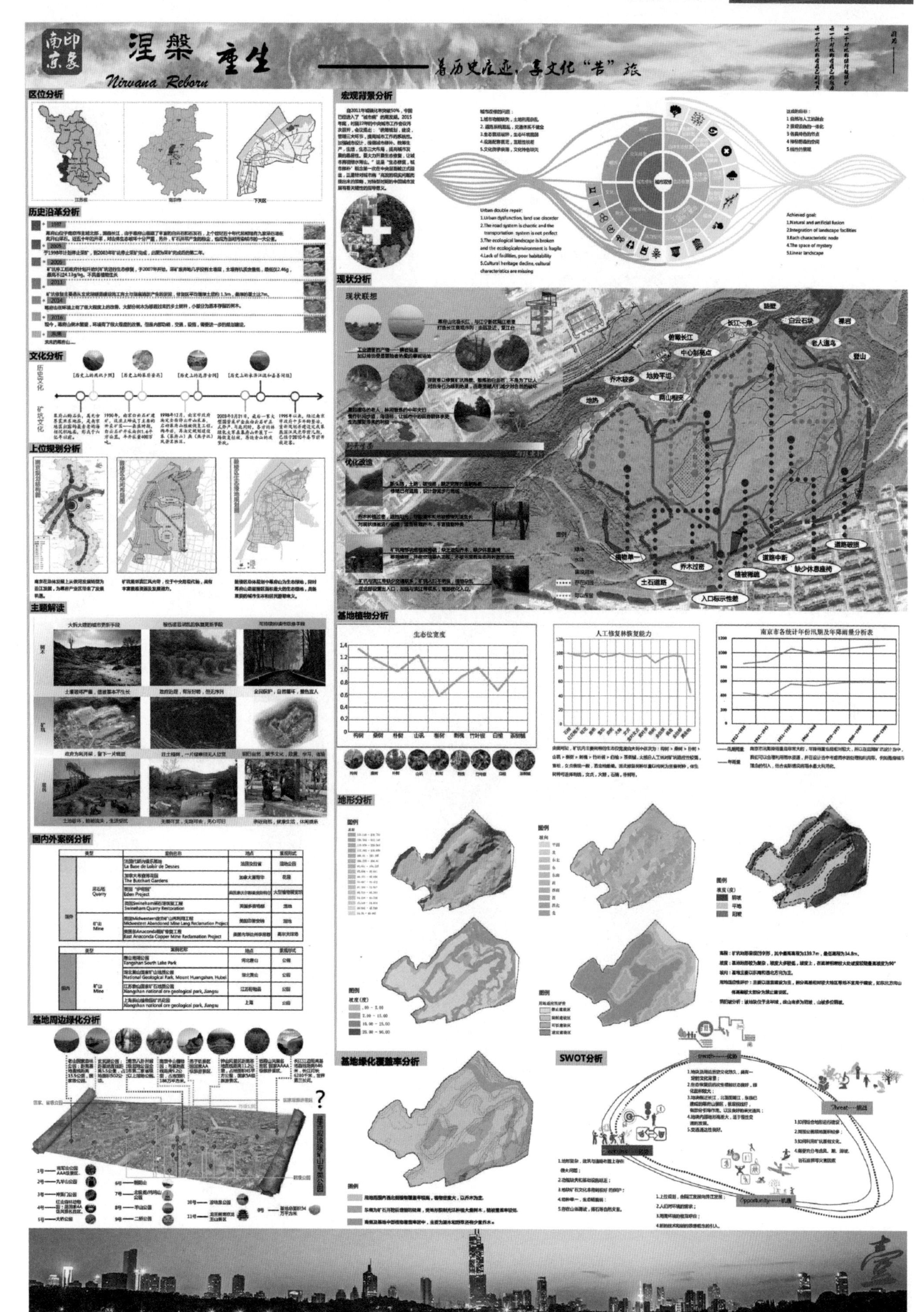

南京印象
涅槃重生
Nirvana Reborn
着历史足迹，享文化“苦”旅
区位分析
历史沿革分析
文化分析
上位规划分析
主题解读
国内外案例分析
基地周边绿化分析
宏观背景分析
现状分析
基地植物分析
地形分析
基地绿化覆盖率分析
SWOT分析
生态位宽度
人工修复林恢复能力
南京市各统计年份汛期及年降雨量分析表

最佳调研分析奖

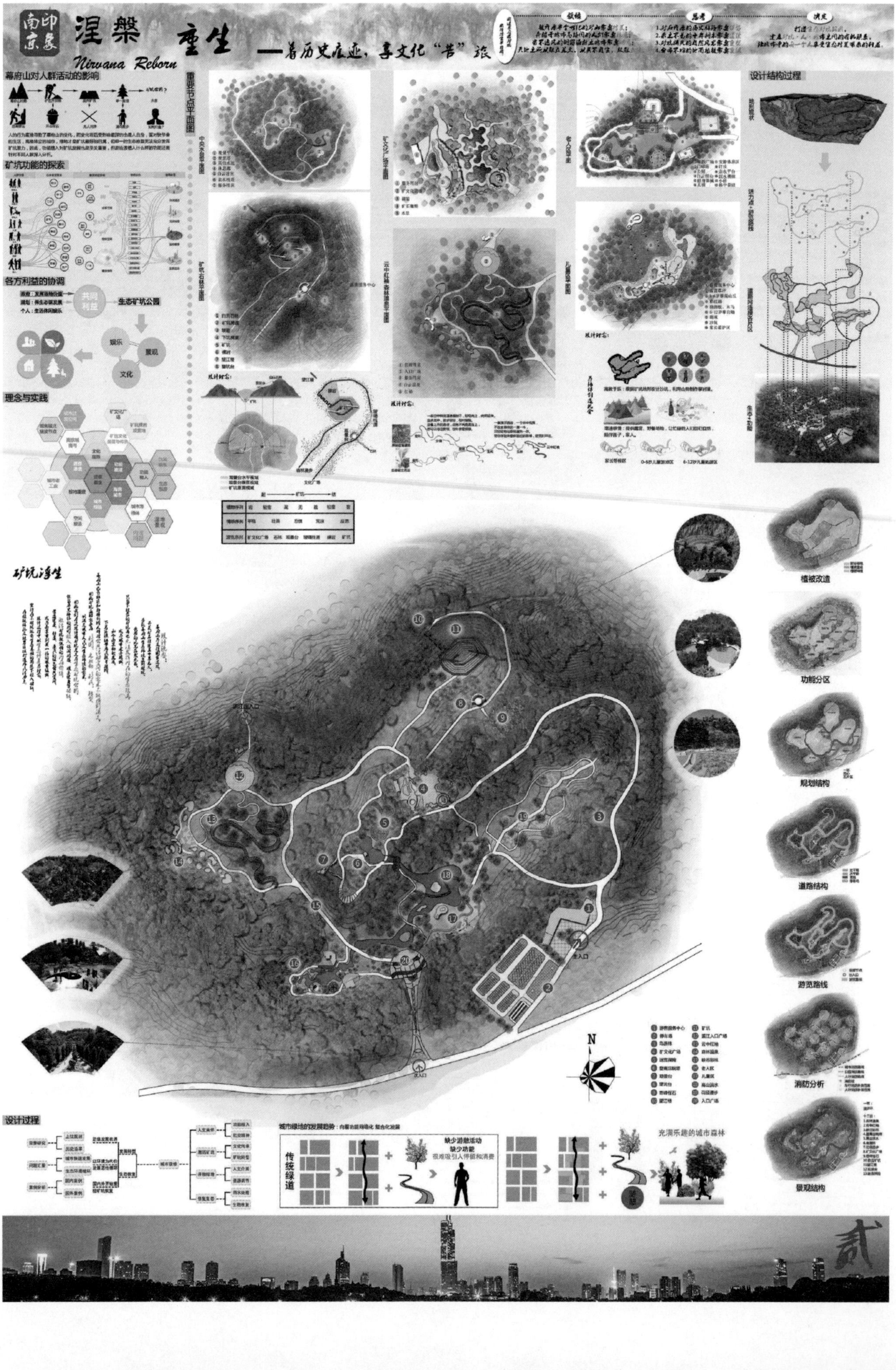

南京印象

涅槃重生

Nirvana Reborn

——着历史痕迹，享文化“苦”旅

幕府山对人群活动的影响

矿坑功能的探索

各方利益的协调

共同利益

生态矿坑公园

娱乐

景观

文化

理念与实践

重要节点平面图

中央水景平面图

矿坑石林平面图

设计结构过程

矿坑浮生

设计过程

城市绿地的发展趋势：向着功能网络化 复合化发展

传统绿道

缺少游憩活动

缺少功能

很难吸引人停留和消费

充满乐趣的城市森林

植被改造

功能分区

规划结构

道路结构

游览路线

消防分析

景观结构

最佳调研分析奖

南京印象
涅槃重生
Nirvana Reborn
寻历史痕迹，享文化“苦”旅
鸟瞰图
活力提升
特色点活力提升
剖面图
植物搭配分析

社会公正下的城市更新设计01——老刀的后半生

Urban regeneration design under the social justice

The last half of life

指导教师

荣丽华

张立恒

王强

拼贴 · 折叠 · 融合

金陵船厂位于南京滨江地区北部长江观音景区周边，历史悠久，留有丰富的工业文明遗产，也是一代工匠们的记忆。

一段故事一段思考，对郝景芳的《北京折叠》的重新思考与认识，以第三空间代表人物老刀为线索，引发对金陵船厂弱势群体的关注。通过调研与资料整理，发现随着时代与技术的进步，社会阶层分化日益严重。面对城市更新中大量的商业化的开发所造成的“绅士化”现象，大量原住居民面临老龄化、收入低下、城乡居民收入差距拉大、南京失业率的变化和人工智能对就业的影响等社会问题，并对应提出了地块的开发意向，包括基地对外开放、工厂向外搬迁、工厂记忆留存、土地价值再升、需求公共服务设施、内部环境污染整治、周边环境污染整治和开发密度增加。

我们依据对三个空间人群需求的分析，针对性地提出解决策略：①船厂再生策略：理清楚船厂的现状，试图将船厂设计成具有生命周期的、可再生的场所；②生态修复策略：主要从船厂棕地修复、滨江修复、种植灌溉层面去进行改善；③废弃物再利用：主要是集装箱的再利用；④建筑改造策略：充分尊重工业遗产建筑文化，保留其结构，作为厂房建筑结构框架和灰空间展示。同时也引入了自组织管理、就业策略、工业复归田园和船厂公众号策略来对船厂激活与复兴。

随着城市的发展，小说中的“一、二、三空间”的阶层划分日趋明显。设计从第三空间人群入手，通过自组织管理体系，形成吸引各阶层人群的多样业态。激发地块活力的同时，形成社会空间上的“折叠”，创造第四空间（人群融合空间），塑造公正的城市。

最佳主题演绎奖

参赛学生

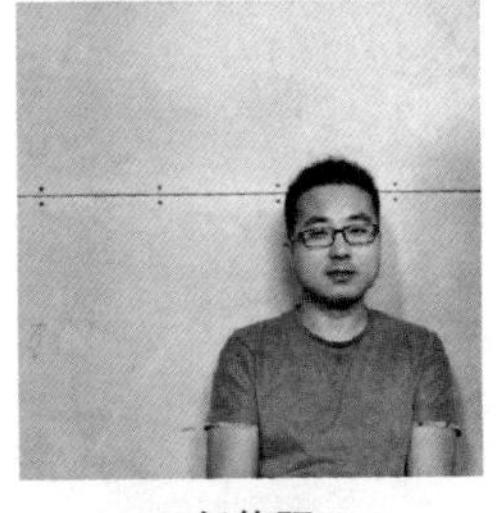

任伟阳

本次竞赛给人印象深刻，由最初的愉快调研，到中期的苦恼设计阶段，再到后期一起出图的日子，都是一种记忆与怀念。这段时间是充实的，能切身学到本事和学会解决问题的思考方式和方法，从此次竞赛中收获竞赛之外的东西，收获友谊，收获为做好一件事而奋斗的状态和团队协作精神。同时，也感谢指导老师们的悉心指导，感谢可爱的队员们的努力创作和陪伴。

王雪璐

如何在工业遗产中挖掘新的活力点，在“城市双修”这个命题下研究出既能推进经济产业发展，又不以破坏生态环境为代价的最优解，无疑是这次活动初始阶段我们面临的最大难题。但是，随着竞赛工作时间的不断推进、方案的逐级深入，最初的难题反而变成了我们思维拓展的切入点。也正是因为一个又一个切入点的汇聚，才衍生出一个看似架设于虚拟故事之上、实则极具现实思考意义的方案。

相相

对我来说，竞赛的过程大于结果，回想参加比赛时的短短两个多月，每天都很充实。从刚开始调研时的迷茫困惑，到最后的豁然开朗，快速推进，整个过程是对所学知识和技能的考验。南京金陵船厂面临搬迁，除了遗留的厂房、工业设备之外，还有船厂员工们齐心合作、共同奋斗的酸甜记忆，而这些记忆是金陵船厂最独特的魅力。留住“记忆”，留住“船厂的魅力”是我在竞赛过程中一直思考的问题。

赵海男

每个人生都会经历不同的阶段，更新交替。城市也不为例外。

调研时，大型的机械设备给予我巨大的震撼！但是，给我更多感动的是一线的工作者们。我们多数时候赞颂的是回归田园的安逸，而遗忘了工业文明对于社会进步的推动。我们的设计以弱势群体为出发点，以小说《北京折叠》中老刀的视角，试图创造一个公正的“第三空间”。

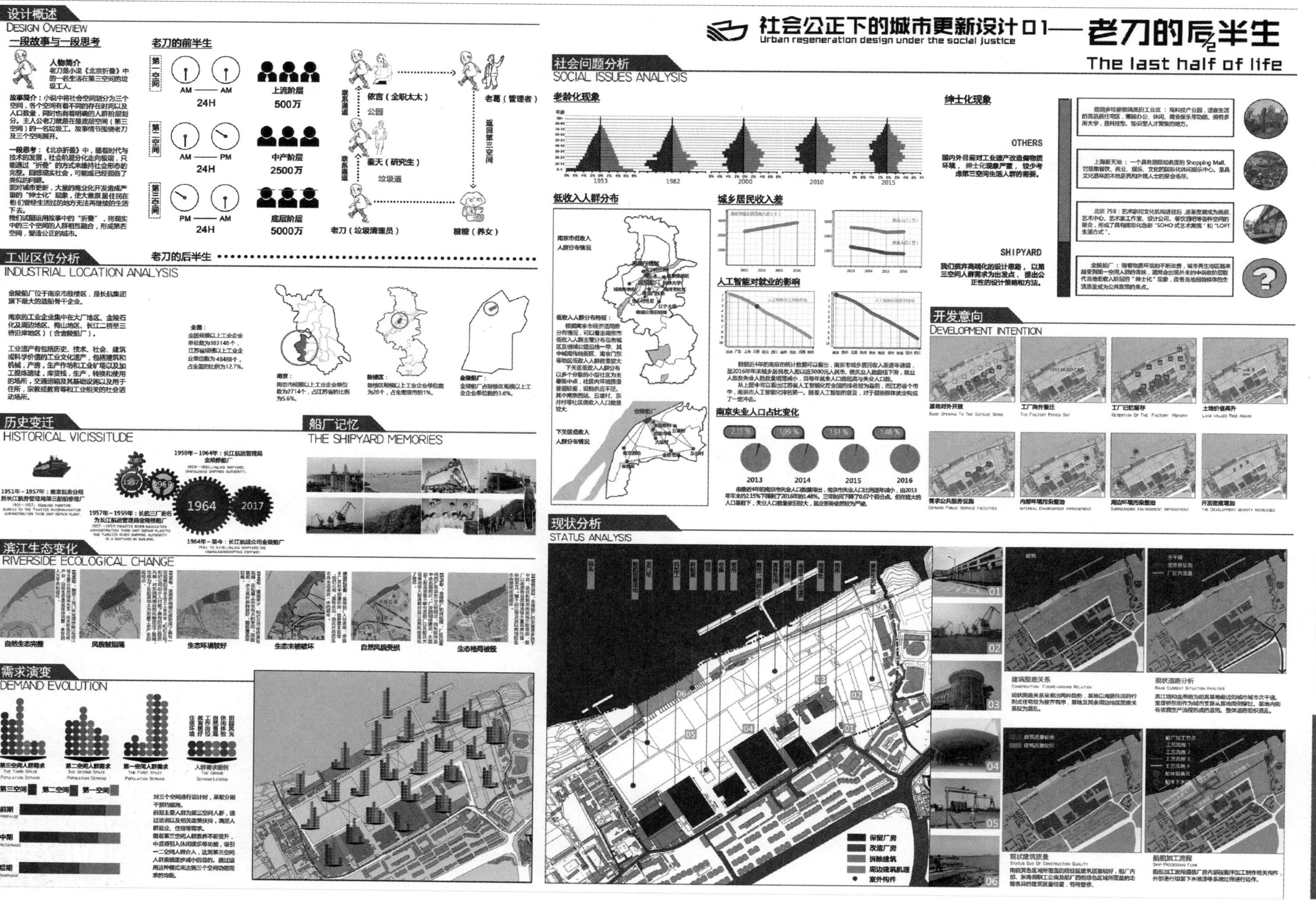

社会公正下的城市更新设计01——老刀的后半生
Urban regeneration design under the social justice
The last half of life
设计概述
DESIGN OVERVIEW
一段故事与一段思考
老刀的前半生
人物简介
上流阶层 500万
中产阶层 2500万
底层阶层 5000万
依言（全职太太）
秦天（研究生）
老葛（管理者）
老刀（垃圾清理员）
糖糖（养女）
老刀的后半生
社会问题分析
SOCIAL ISSUES ANALYSIS
老龄化现象
绅士化现象
OTHERS
SHIPYARD
低收入人群分布
城乡居民收入差
人工智能对就业的影响
南京失业人口占比变化
工业区位分析
INDUSTRIAL LOCATION ANALYSIS
历史变迁
HISTORICAL VICISSITUDE
1964
2017
船厂记忆
THE SHIPYARD MEMORIES
开发意向
DEVELOPMENT INTENTION
基地对外开放
工厂向外重迁
工厂记忆留存
土地价值再升
需求公共服务设施
内部环境污染整治
周边环境污染整治
开发密度增加
滨江生态变化
RIVERSIDE ECOLOGICAL CHANGE
自然生态完整
风貌被阻隔
生态环境较好
生态未被破坏
自然风貌受损
生态格局被毁
需求演变
DEMAND EVOLUTION
第三空间人群需求
第二空间人群需求
第一空间人群需求
人群需求图例
前期
中期
后期
现状分析
STATUS ANALYSIS
保留厂房
改造厂房
拆除建筑
周边建筑肌理
室外构件
建筑图底关系
现状道路分析
现状建筑质量
船舶加工流程

最佳主题演绎奖

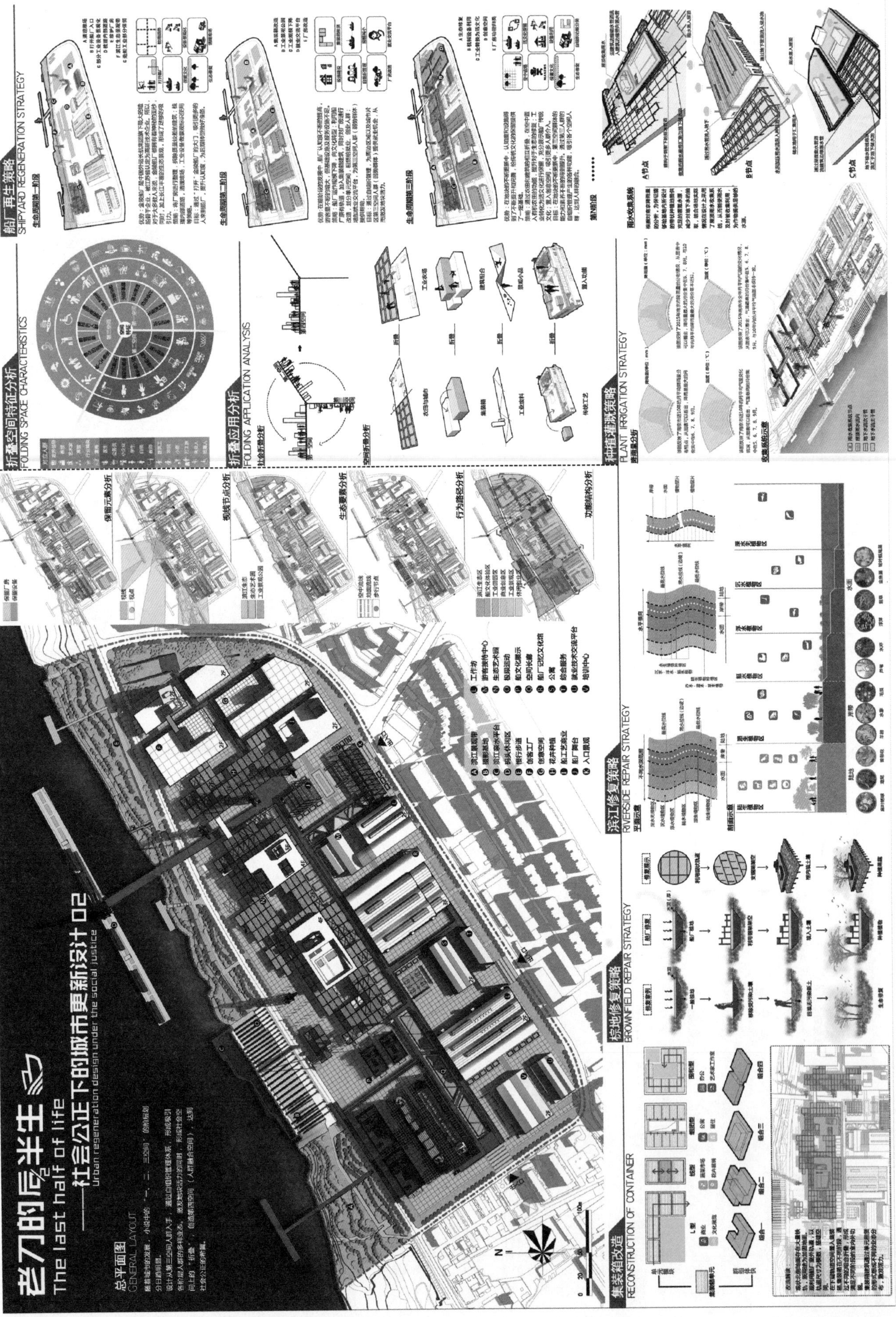

老刀的后半生

The last half of life

——社会公正下的城市更新设计 02

Urban regeneration design under the social justice

总平面图
GENERAL LAYOUT

随着城市的发展，小说中的"一、二、三空间"的阶层划分日趋明显。

设计从第三空间人群入手，通过自组织管理体系，形成吸引各阶层人群的多样业态。激发区域活力的同时，形成社会空间上的"折叠"，创造第四空间（人群融合空间），达到社会公正的希冀。

折叠空间特征分析
FOLDING SPACE CHARACTERISTICS

折叠应用分析
FOLDING APPLICATION ANALYSIS

社会折叠分析

空间折叠分析

船厂再生策略
SHIPYARD REGENERATION STRATEGY

生命周期第一阶段

优势：金陵船厂是中国外运长航集团旗下最大的造船骨干企业，被江苏省认定为高新技术企业。所以，对于大多数人来说，金陵船厂都拥有着神秘的吸引力。加上长江丰富的生态景观，形成了独特的吸引力。

策略：将厂房进行整理，拆除质量较差的建筑；梳理内部道路，清理堆场，工业设备做展示设施使用等策略。

目标：通过"打开"金陵船厂的大门，吸引更多的人来到船厂，提升认知度，为后期转型做好准备。

生命周期第二阶段

优势：在前阶段的发展中，船厂认知度不断的提高，游客量不断的增大，但基础设施及服务设施不足。

策略：船厂运作规模下降，向文化转型；利用船厂原有轨道，加入集装箱建筑，同时对厂房进行改造，划分单元空间，租赁给就业、创业人群；增加就业交流平台，为第三空间人群（弱势群体）提供帮助。

目标：通过自组织管理，为周边区域以及城市片区第三空间人群（弱势群体）提供就业机会，从而激发地块活力。

生命周期第三阶段

优势：在地块的不断更新中，认知度和设施得到了不断提升和完善，给传统文化的保留提供了一定基础。

策略：通过农田和建筑的相互折叠，在空中置入有机农田的功能，提升对于生态的修复；工业转化为活文化进行保留，充分展示船厂传统文化；置入创意空间，吸引更多人群介入。

目标：在地块的不断更新中，第三空间群体的能力和素养不断的得到提升。通过第三人群的自组织管理产生的各种功能，吸引各个空间人群，达到人群的融合。

第N阶段 ·······

雨水收集系统

根据对南京降雨量的分析，为保证能够给基地内所设计的带状种植池提供充足的灌溉水源，减少对地下水的抽取，结合场地实际情况在设计上采用了屋顶雨水收集系统，从而能使雨水及时被收集利用，为作物提供足够的水源。

集装箱改造
RECONSTRUCTION OF CONTAINER

改造解读：

现状北侧地面存在大量铁轨，原用途为加固地面。现利用船厂室外轨道，以轨道尺寸为模数，搭建空间。

在下层轨道空间置入集装箱，集装箱在不同阶段，通过不同的组合折叠，形成满足不同阶段的室内外功能。

集装箱建筑通过单元租赁的形式形成不同的业态分布，激发活力。

棕地修复策略
BROWNFIELD REPAIR STRATEGY

滨江修复策略
RIVERSIDE REPAIR STRATEGY

平面示意

剖面示意

种植灌溉策略
PLANT IRRIGATION STRATEGY

降雨量分析

收集系统示意

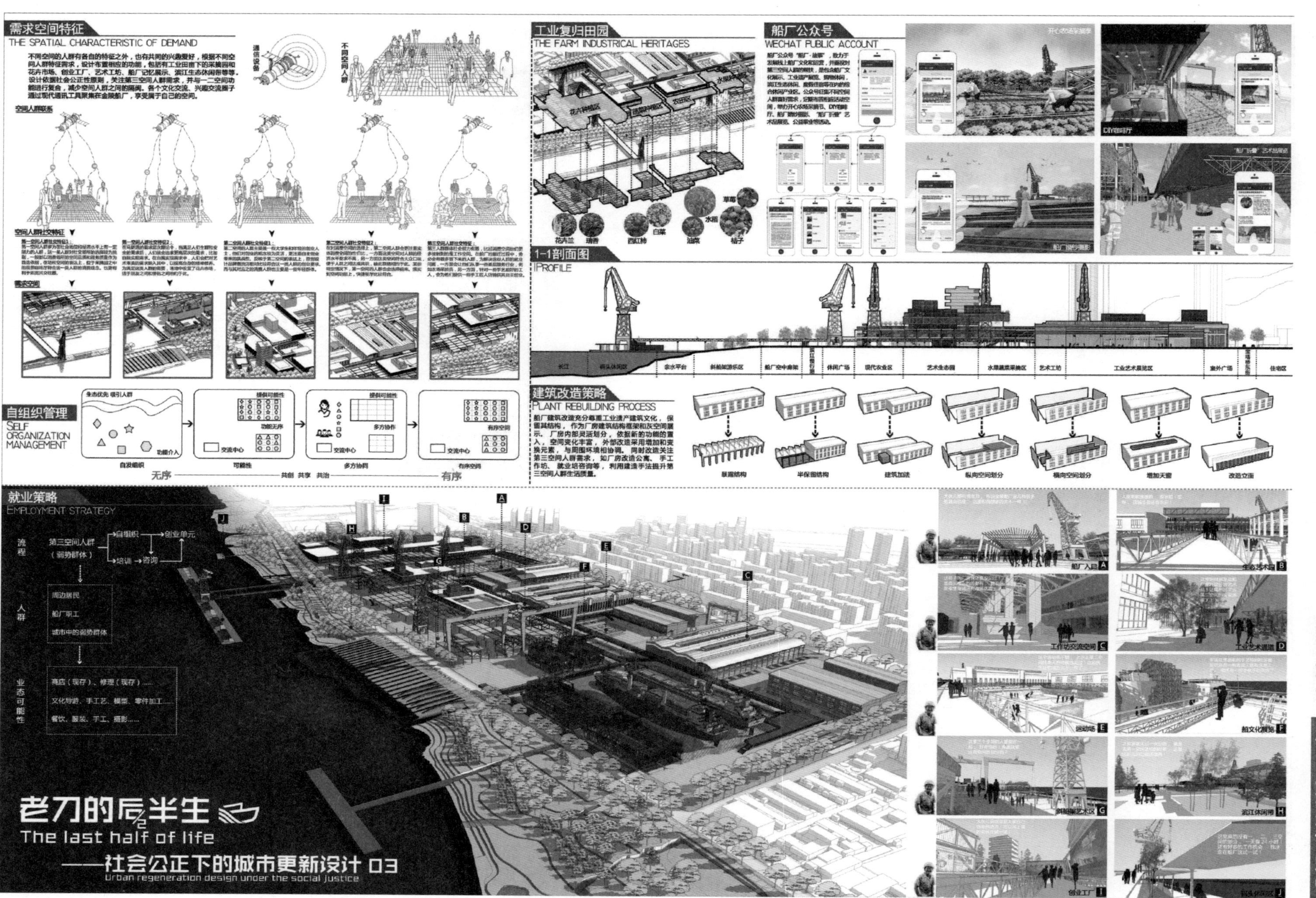
需求空间特征
THE SPATIAL CHARACTERISTIC OF DEMAND
工业复归田园
THE FARM INDUSTRIAL HERITAGES
船厂公众号
WECHAT PUBLIC ACCOUNT
1-1剖面图
PROFILE
自组织管理
SELF ORGANIZATION MANAGEMENT
无序
有序
建筑改造策略
PLANT REBUILDING PROCESS
就业策略
EMPLOYMENT STRATEGY
老刀的后半生
The last half of life
——社会公正下的城市更新设计 03
Urban regeneration design under the social justice

最佳主题演绎奖

2R 金陵 Re-Living Nanjing

趣城计划 Reproduction of the Industrial Estate

——基于空间生产理论的南京滨江地区城市更新设计

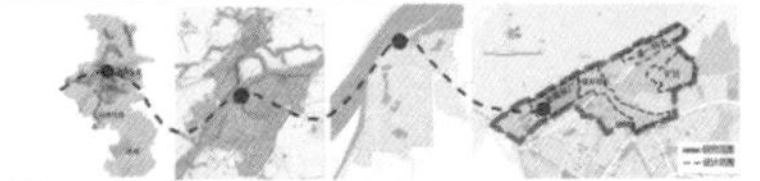

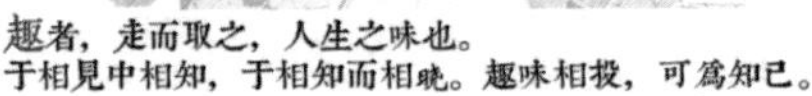

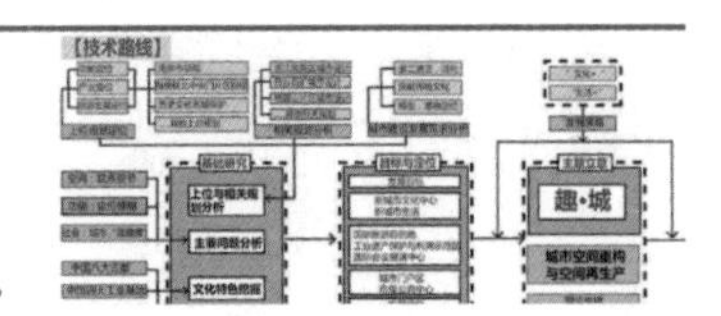

指导教师

卢一沙

2R 金陵 趣城计划

一、题解

“2R 金陵 · 趣城计划”是本次设计对象、目标、理论、策略的总体概括。“2R”——理论支撑。Reliving（城市坐标）是发展定位，Reproduction（空间再生产）物质空间与社会空间的重构。“金陵”——研究对象。指南京，也指金陵船厂详细设计地块。“趣城”——目标与策略。意在营造有趣的公共场所，以“趣”为谋，培养趣缘群体、促进文化认同，建立新城市社区。这就是我们的“趣城计划”。

二、立题

1. 探索城市坐标（金陵 Reliving）——南京市“退二进三”的过程中，原来的工业社区发生重构，鼓楼与幕燕片区滨江地带将成为城市新文化生长点，金陵船厂生产区将变为工业遗产区，社会群体将多元化，从物质生产为主向文化生产转型，基地定位从生产型社区向文创社区转变。

2. 明确设计目标（金陵 Reproduction）——一个以工业主题活动为主、文化创意产业支撑、健康低碳、富体验色彩的文化社区、工业遗产保护与利用示范区。

3. 制定更新策略（金陵趣城计划）——功能策略：活化工业遗产、植入创意功能。空间策略：疏通联系通道、联动幕燕等城市片区。社会策略：以城市双修复兴场所，以创意活动策划营造活力空间、以趣缘联系社会群体。设计策略：TOD 导向、高强度地下空间开发、慢行系统、地下地面空中三联动、有趣的厂景营造。

三、方案

1. 趣城——研究范围内统筹考虑，修复矿坑、修补慢行设施，以 TOD 导向，组织一个以国际会议、工业遗产文教、旅游、展演、休闲购物、运动拓展、SOHO 创客等为主要功能的“趣城综合体”。空中缆车、立体慢行系统、地下商业空间三联动，丰富体验。

2. 趣厂——船厂地块突出工业主题，针对设计师（爱好者）、运动爱好者、普通游客、社区居民四个群体，分节庆活动和日常活动两类，组织艺术创作、工业设计、工遗会展、健身休闲、SOHO 创客等功能区。通过工业流程分析、肌理提取、趣味工业要素提炼，改造遗产建筑、针对性构思亲水设施，设计空中走廊、下沉驳船广场、工业博物馆、科技馆、先锋剧场、驳船 T 台、设计梦工厂、船模体验中心、龙门吊广场等一系列趣厂环节，打造一个趣味城市文创区。

最佳主题演绎奖

参赛学生

江湉依依

第一次接触竞赛，全力学习新知识，尝试新手法，转换新思路，组员之间磨合与老师的引导。这些独一无二的经历，都让这个夏天增色不少。整个过程中，挥洒的汗水是我们拼搏过的印证，才明白原来团队协作共同努力可以迸发出无限大的能量。

李庚

参加竞赛既锻炼了自己思维的能力，也帮助自己形成了规划知识体系的网。对于竞赛而言，个人认为获奖的关键是逻辑、沟通、表达、合作、毅力等能力或品质，而这些对于我们今后无论从事什么行业都是受益无穷的。

韦林欣

经过资料搜集分析，实地调研，和最后一个月的方案设计，图纸表现，团队中的每个人都在这个过程中学到了很多专业知识和技能。这次比赛也让我们感受到团队合作，沟通的力量。在竞赛过程中有很多困难，我们团队始终共同钻研，协同共进。

吴帆

在团队合作的过程中，跟着学霸也学到很多学习方法，跟着他们做事高效快速，以及合理安排时间等对我来说受益匪浅。同时，明白了团队协作的重要性，每个人发挥自己的长处，大家劲往一处使，才能得到最好的结果。

朱雅琴

这次竞赛是一次难忘且有趣的经历，从踏勘调研、到资料整理，从头脑风暴、到交图倒计时，各种历练和经历都被填充进这繁忙而充实的时光。关注地块的整体规划以及场所精神的重要性，从不同的角度重新认识了我们的城市。

2R金陵 趣城计划

Re-Living Nanjing
Reproduction of the Industrial Estate

1

——基于空间生产理论的南京滨江地区城市更新设计

趣者，走而取之，人生之味也。
于相见中相知，于相知而相晓。趣味相投，可為知己。

I 基础研究

【上位与相关规划设计分析】

【城市建设发展需求】

地区级公共活动中心滞后，缺乏江南地区缺少滨江的公共活动中心。

基地位置以生活+旅游生活岸线为主，本方案占鼓楼北中央门片区生活型岸线的100%。

工业用地更新需求：退二进三，拟使旅游业成为南京战略性支柱产业。

【主要问题分析】

【空间联系-隔离】 a.公共生活"飞地" b.市民与滨江区域隔离

【转型定位-不明确】 a.产业转型 b.社区转型

【城市生活-亚健康】 a.生态环境 b.缺乏公共空间

【文化特色挖掘】

工业遗产

山水格局

古都文化

II 本次目标与定位

发展目标

发展定位1：门户区（幕燕联动）

发展定位2：上元门城市公共中心

基地SWOT分析：

S W O T

思考应对：更新的关键

【技术路线】

从生活情境出发，塑造滨江多重感官体验及金陵工业、历史文化认同。

趣•城

III 主题立意

Re-living the city

社会、空间维度

时间维度

城市坐标

新陈代谢 功能再生

Re-living——城市坐标

认知城市发展坐标变化，寻找城市未来定位，融入城市生活。

TOD导向开发

城市慢行系统

趣城计划

Reproduction

空间再生产

船厂生产区

工业遗产区

物质生产

文化生产

一个富体验色彩的文化社区

IV 规划策略

空间策略：【疏通•激活•联动】

【疏通联系通道】

【激活滨水临山空间】

封闭型空间 → 开放型空间

【联动城市片区】

功能策略：【完善•唤醒•活化】

【完善城市功能 唤醒城市生活】

【活化工业遗产】

社会策略：【双修•复兴•活力】

【城市双修】

【场所复兴，趣缘连结】

【活力再造】

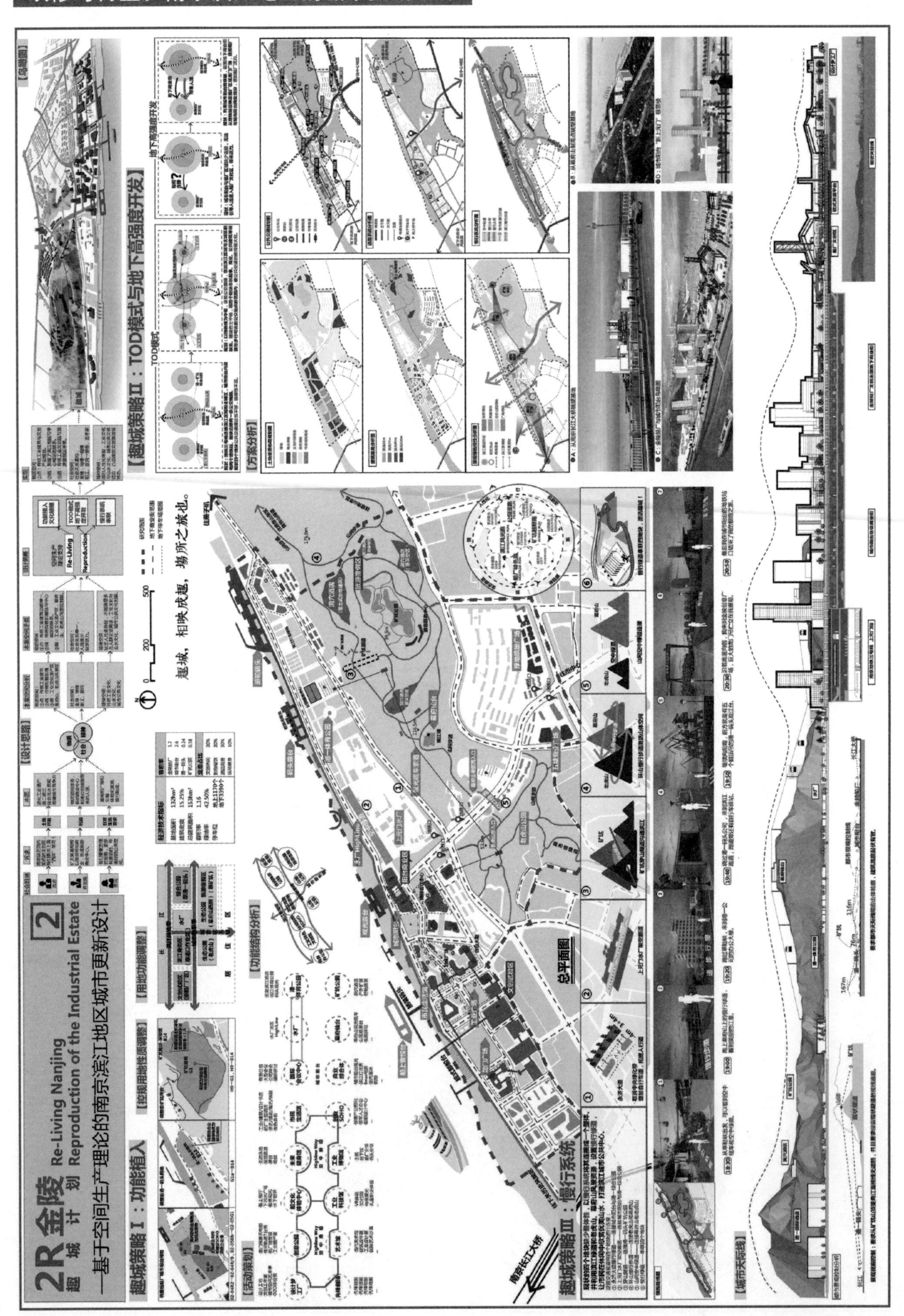
2R金陵 Re-Living Nanjing
趣城计划 Reproduction of the Industrial Estate
—基于空间生产理论的南京滨江地区城市更新设计
趣城策略Ⅰ：功能植入
趣城策略Ⅱ：TOD模式与地下高强度开发
趣城策略Ⅲ：慢行系统
总平面图
趣城，相映成趣，场所之旅也。
南京长江大桥

最佳主题演绎奖

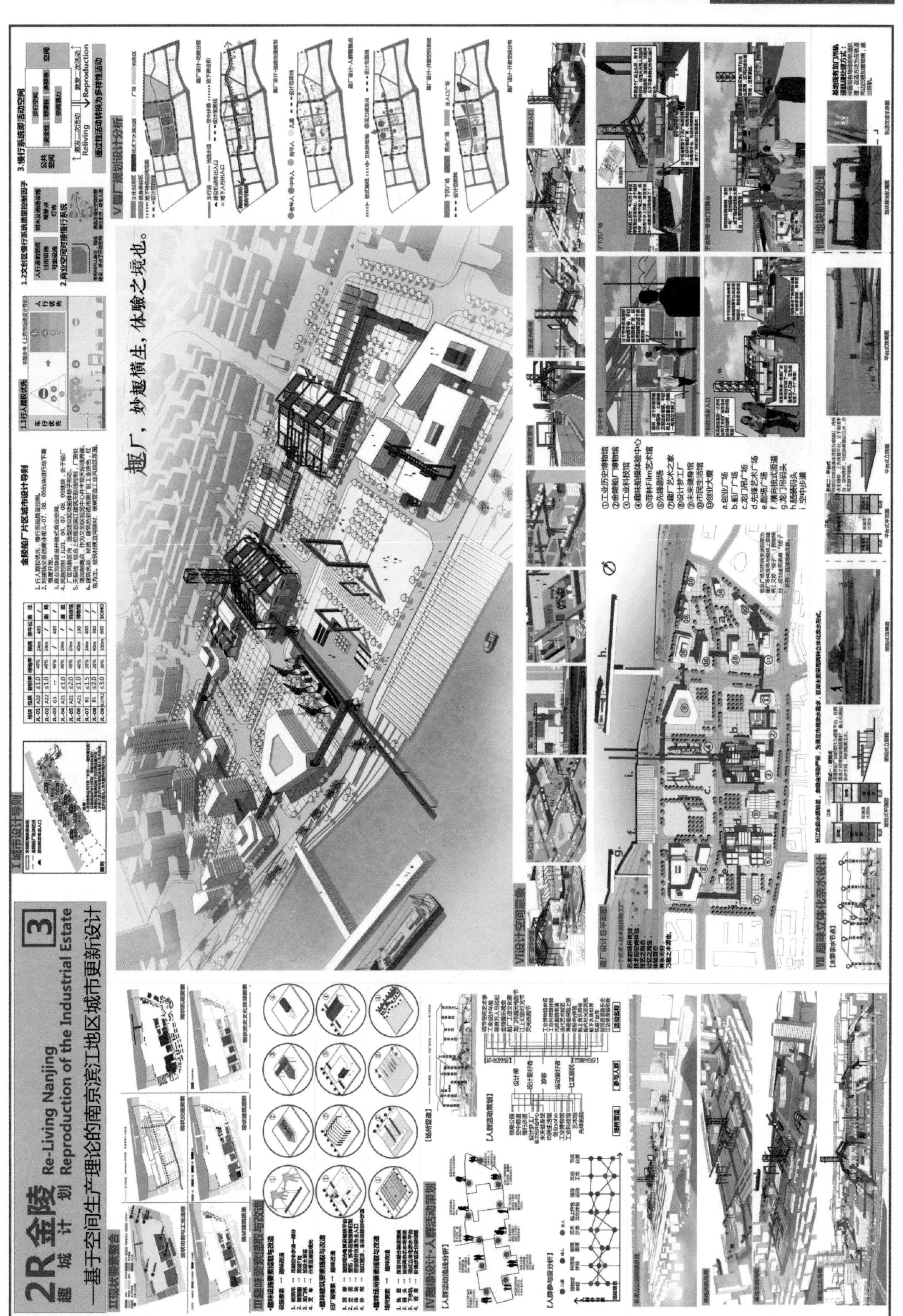
2R金陵 趣城计划
Re-Living Nanjing
Reproduction of the Industrial Estate
——基于空间生产理论的南京滨江地区城市更新设计
趣厂，妙趣横生，体验之境也。

最佳主题演绎奖

跳跃与飞翔 ERUPTION FOR BEYOND

幕燕滨江极限运动触媒孵育计划

指导教师

肖竞

黄瓴

活力孵化，青春亮彩，X-Sports+

本次“西部之光”设计之旅无疑是一次美妙的经历。主办方别具匠心的题目设置让我们享受了一次能量与情怀的释放。载满记忆的船厂、眺望明日的阳台、感应天地的矿坑，每一块场地都充满了戏剧的张力，激发着设计者最原始的创作灵感和欲望。

在港一码头地段中，荒蛮生长的野草与锈蚀斑驳的塔吊形成了青春与夕阳的碰撞，坦廓的堆场与陡峭的崖壁呈现出跃升与俯翔的势场，极致地激发了我们骨子里的设计冲动。于是，我们以“极限运动 +”破题，希望通过对滨江塔吊、提货大楼、仓库、集装箱、堤坝矮墙等工业遗产对象与滨江岸线、背景山幕、水坑漫草等自然景观元素的梳理、关联和设计利用，去捕捉场地的特征、延续空间的势场、回应“双修”的主题；在南京的幕燕滨江地区为城市孵化一处运动的乐园，搭建一个活力的舞台，增添一抹青春的亮彩，用青年人禀赋的激情和从业者严缜的态度去完成方案的每一个细节，去诠释我们对城市的关怀和对设计的理解。

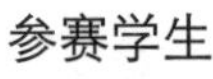

参赛学生

肖天意

非常感谢这次竞赛的队友和老师，大家都付出了很多。这次竞赛让我从头到尾体会到了一个真正的城市设计的做法，收获很大。从前期的概念生成、分析逻辑、方案、到表现与表达，我在这一轮又一轮的磨炼中明显地感到了自己的提升。大家一起熬夜画图的经历真的很难忘，总之是非常棒的回忆。

罗晛秋

这个竞赛对于我而言是一次巨大的挑战，一切都很新奇。在这期间我们团队走了很多弯路，从前期调研、分析一直到方案进行了各种探讨，很多次推翻、很多次修改，在这样的跌跌撞撞中我们终于完成了这个方案，虽然最后的成果有些差强人意，但总的来说，结果有遗憾也有满足吧。

最后由衷的感谢我的队友以及两位指导老师一个月的陪伴，与队友们在辩论争吵中相互学习，和老师们在交流中也增长了很多知识。

冉思齐

主题“跳跃与飞翔”是希望通过我们的设计能为南京这一座厚重之城，文化之城增加一抹饱含青春与运动活力的亮色。

场地内气势雄伟的工业构筑，为各种运动活动的开展搭建了天然的舞台；环绕四周的山水风光，即是象征着反璞与野性的幕布。在我们的想象中，这里应是一片人声鼎沸、浮光掠影，最终被收纳入自然的怀抱之中，犹如万渠合流，天地归一。

极限运动讲究动作的协调，而我们思索的正是自然与人工、躁动与沉静的和谐。

李洁莲

此次竞赛我们针对滨江废旧工业区的现状，在城市双修的设计主旨下，从城市和区域的角度重新明确了它的定位，并将其从人的尺度在空间中反映出来，做到在宏观上修补城市功能，提升城市活力；在微观上满足人群使用需求，打造活力滨江。通过这次竞赛，受益颇多，学会了从大角度全面的认识分析问题，从小尺度聚焦人的需求，上下联通，环环相扣，进一步构架了自己的知识体系，对得起一个月的付出。

权逸群

一个城市自身的气质和思维方式有着深厚的基础和惯性，突破和创新需要勇气和机遇。场地的故事历历在目，延续场地的气质与态势不该仅保留物品，而应有人的活动延续这样的态势。有多敢做，未来的可能性就有多大空间。

做一个非常完整的高强度的作业，让自己获得了一次极大的提升和意志的锻炼，可以看做是给升入大四的见面礼吧。非常感谢黄老师和肖老师的悉心指导，也感谢拼了一个月的队友和自己。

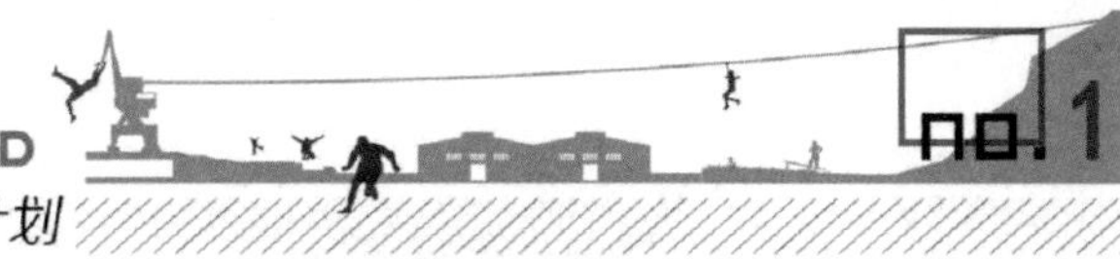

概念解析 CONCEPTUAL ANALYSIS

设计框架 FRAMWORK

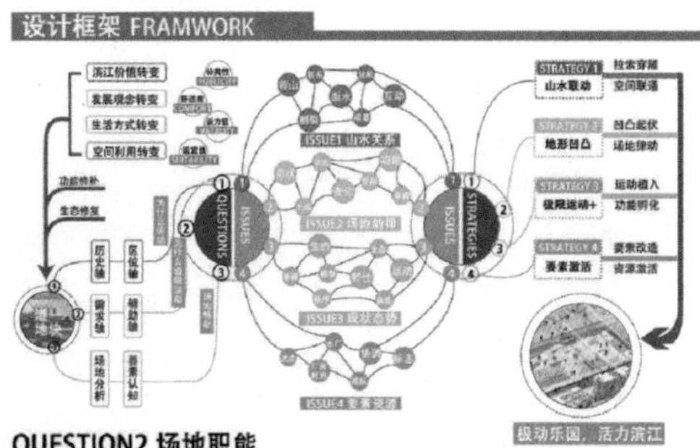

QUESTION1 场地定位

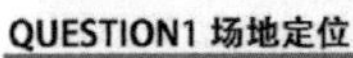

WHY SPORTS?

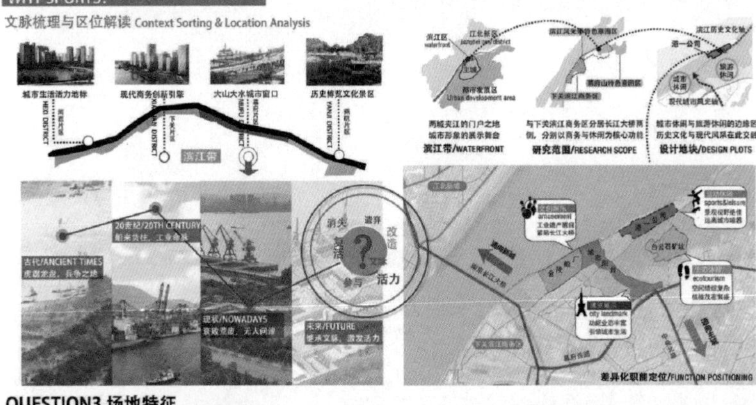

QUESTION2 场地职能

WHY EXTREME SPORTS?

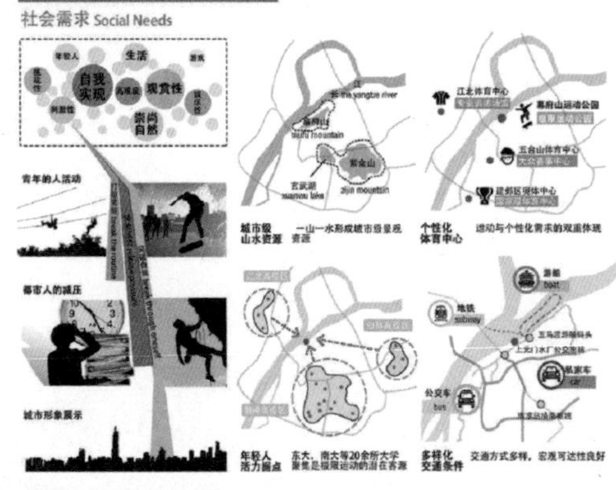

QUESTION3 场地特征

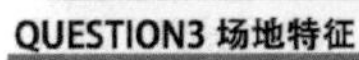

CHARACTERISTIC?

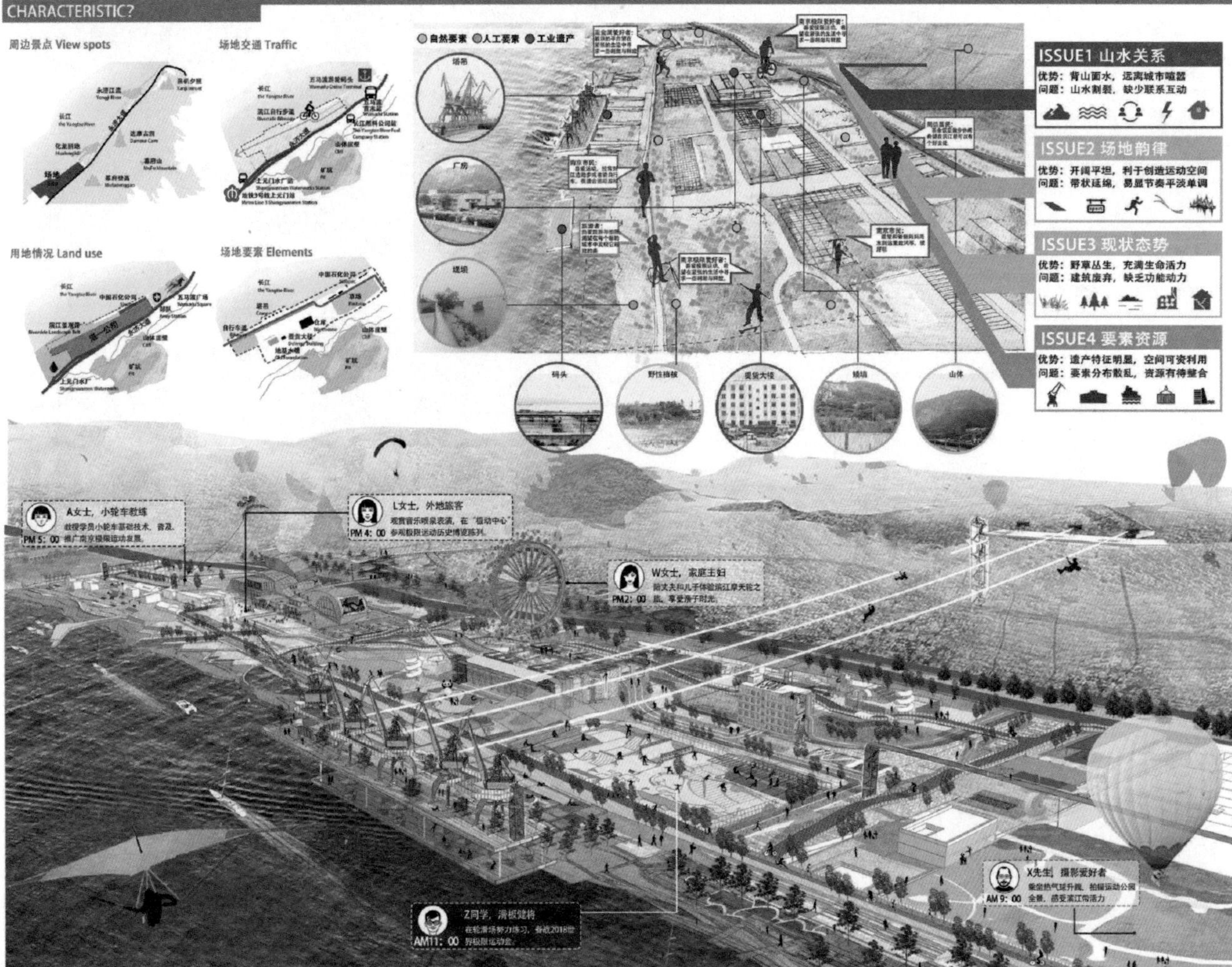

跳跃与飞翔
ERUPTION FOR BEYOND
幕燕滨江极限运动触媒孵育计划
no.2
STRATEGY1 山水联动
STRATEGY2 地形凹凸
STRATEGY3 极限运动+
STRATEGY4 要素激活
要素分布/Elements
A. 遗产要素/Industrial Elements
B. 自然要素/Nature Elements
Step1 塔吊改造 To 滑索台
Step2 仓库改造 To 攀岩中心
Step3 提货大楼改造 To 跑酷赛场
Step4 矮墙改造 To 跑酷设施
Step5 集装箱利用 To 集装箱墙&极塔
Step1 滨江岸线改造 To 休憩空间
Step2 山体岩壁修复 To 运动景幕
Step3 山脚空地利用 To 慢跑公园
Step4 基地水坑利用 To 生态水景
Step5 基地草场利用 To 越野自行车赛场
经济技术指标
主入口
次入口
0 25M 50M 100M 250M

最佳设计表达奖

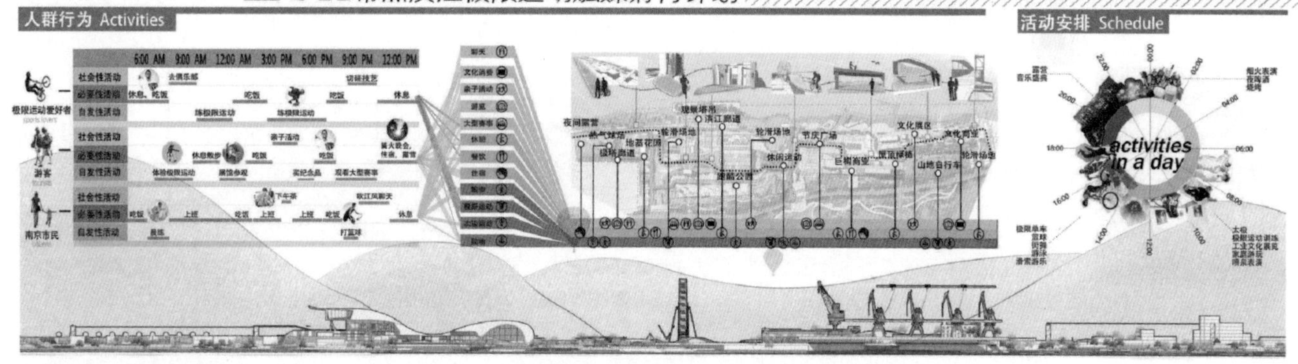

同时运动诸系统 Speed

空间生成 Evolution

1 整理自然边界 Boundary define

2 梳理场地要素 Elements analysis

3 构建交通系统 Path plan

4 植入极限运动 Sports implantation

5 镶嵌辅助空间 Function brooding

6 强化外部连接 Link construction

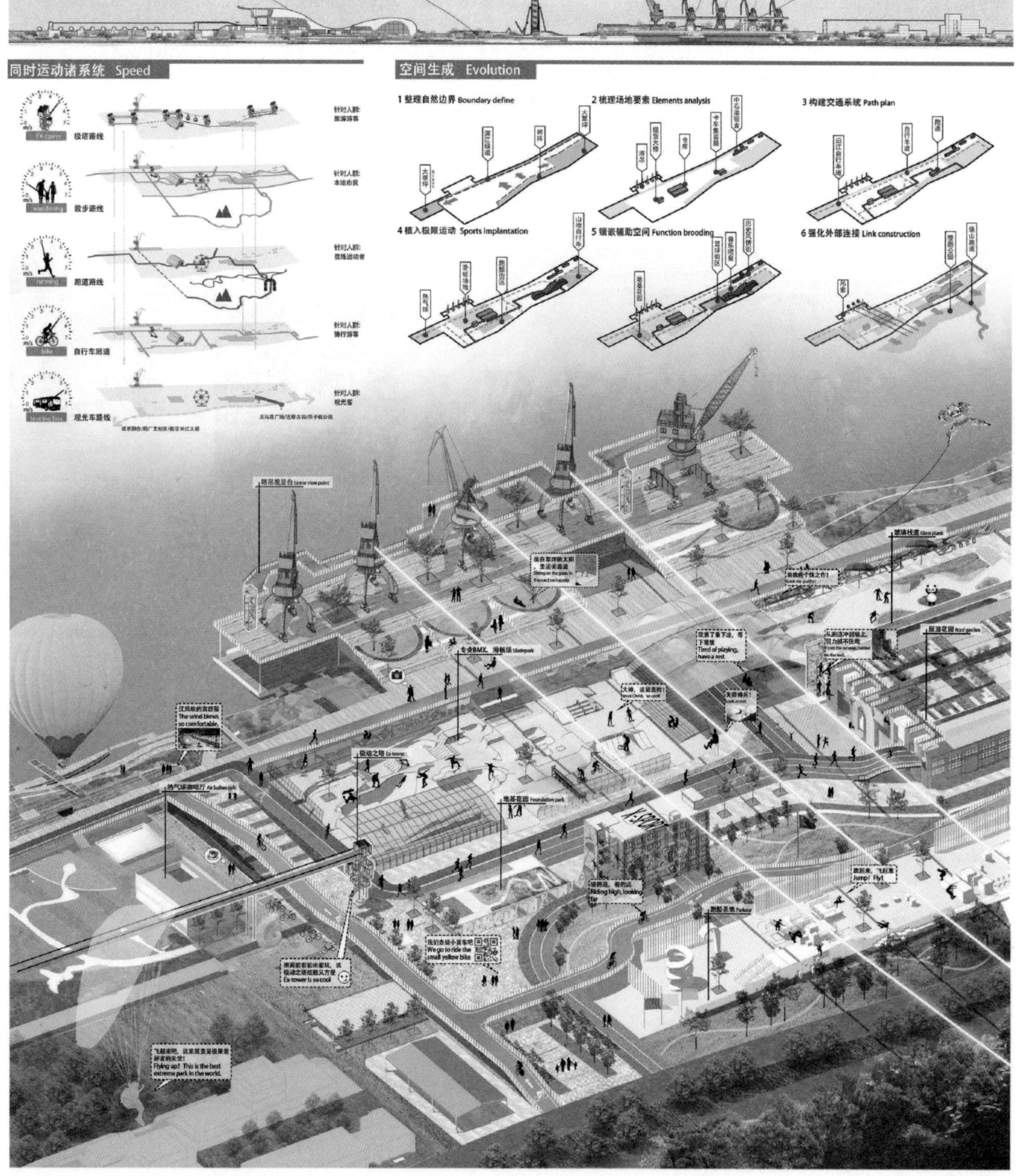

最佳设计表达奖

RE-URBANIZATION

interconnected+intellective
——基于网络互联的城市双修

指导教师

李小龙

城市边缘的再城市化

在实地调研之前，针对南京这个古都，我们和老师讨论初步确定了以文脉为主的思路，在这个思路下，深挖南京基地历史资源，并且思考发展方向。但是经过实地调研后，我们发现了更多的可能性，小组论证后，决定调整方向为历史和未来的碰撞融合，最古老的文脉和最新潮的技术的穿插融合，才会真正的发挥这片土地的活力并且让这片热土长久的活下去。综合考虑下，我们选择了位于南京的即将搬迁的金陵船厂作为我们的城市更新设计场地，位于南京市中心城区的边缘，极有潜力但是被遗忘的城市角落。

经过调研发现，基地处在一片历史文化资源丰富却杂乱，景观生态环境有特色却不成体系，经济价值有潜力却得不到开发的困境中，因此，如何快速巧妙地实现地区更新，将这块“灰色区域”重新织补进中心城市的网络，实现活力的重塑就是我们要考虑的核心问题。因此我们从三个不同的层级入手：

在宏观上：植入新的产业，梳理文化脉络，激活景观节点，修补片区与中心城区之间的网络，通过触媒作用修补片区与中心城区的联系;在功能，文化，生态景观上与城市中心建立网络。中观上，依托新梳理的道路交通网，结合互联网联系人与设施的桥梁作用，在空间上和虚拟网络上将文化、景观、交通等服务节点打通，实现各个系统的交互。空间设计上，我们以船厂内部的道路为基底，结合民国时期鱼雷营军事防线引入历史秩序作为一条新的空间秩序，并根据上位规划及空间肌理串联起新的文化节点，形成新的再城市化后活力焕发的城市滨江片区。

城市是人们生活的载体，城市规划是塑造人们生活的专业，我们所做的就是尽力把我们理想中的城市投射到基地上，再描述给人们看，这次竞赛因为种种原因我们没能把理想中的城市完美地展现出来，希望以后不会再有遗憾。

参赛学生

李佳澎

从五月初知道竞赛主题，六月初在南京用一周的时间开题、调研、汇报，回来后紧张的一月的集体工作，争论，妥协，不断磨合的团队工作，讨论，纠正，推翻，逐渐推进的设计方向。七月的西安确实不太好熬，所幸我们因为南京这个名字，最终走了过来。

城市是人们生活的载体，城市规划是塑造人们生活的专业。我们所做的就是尽力把我们理想中的城市投射到基地上，再描述给人看。很开心能得奖，但最开心的是，能和这群小伙伴在七月蒸笼似的西安一起认认真真地做好一件事。重要的是在经历。

赵文静

这次参加“西部之光”竞赛让我收获很大，学到很多东西。四个组员之前并没有接触这种类型的城市设计，也没有遇见过这么大范围的基地。这次竞赛对我们来说是一次全新的挑战。这次竞赛我们能拿到奖真的很开心，这给了我们极大的信心和鼓励，当然也在小组合作中看到了自己的不足。但贵在坚持，只要我们保持对专业的热情并且锲而不舍的努力，我们就永远在进步。

唐华益

从开始的困惑、一筹莫展，到逐渐找到思路，最后快速推进，整个竞赛过程，是对所学知识和技能的一次考验，团队成员之间优势互补，团结协作，让我们彼此有了更大的进步。似乎所有的故事过程都远大于结果，人文元素如何蕴含于城市实体却又润物无声，城市规划与城市设计如何有效结合，又怎样用城市媒触激发基地潜力，从不知所措成长到有条不紊，我们在金陵的实战中将知识与运用技巧的学习最大化。这次竞赛能够获奖，我感到非常荣幸，这不仅是对于我们两个月工作成果的肯定，也将是对我们今后专业学习的激励。这也将作为一段令我难忘的记忆珍藏。

许子睿

2017是非常幸运的一年，卧室的世界地图上多了一些标记，买了自己的第一部相机，学会了新的语言……以及这个暑假大家一起参赛的日子，从语言班到学校的天总是那么热，每天一起的奶茶外卖和DQ外卖，五个人的秘密作图地点，各种想法的讨论和方案一次次的探究……感谢时光，感谢你们。这次参加“西部之光”让我学到了很多东西，通过老师的指导和组员间不断查阅资料完善方案，对城市设计有了一些自己的认识和理解，也为接下来的专业学习打下了很好的基础，辛苦却非常值得。非常荣幸能拿到这个奖项，这段经历会一直铭记在心。

翟鹤健

作为一个景观专业的学生，这次很荣幸参与到规划竞赛中来。在这个过程中，我对城市双修有了更深的理解，较之景观，规划会更加重视上位规划和宏观把控，但是不管是城规还是景观，从城市角度来说，都是为了给居住在其中的居民提供更好更便利的生活环境并且能够带动某个片区乃至整个城市的经济发展。当然除了专业知识，我觉得这次竞赛给我的最大的收获是让我们学会了团队合作，从前期的资料收集、调研等，到后来的集中画图，组员们彼此间有了默契，并且能够在规定时间较高效率地完成。总而言之，我很感谢这次竞赛，它让我们看到了更好的自己。

RE-URBANIZATION interconnected+intellective ——基于网络互联的城市双修

01

基地和研究范围

竞赛场地位于南京市鼓楼区西北沿江片区，东至幕府山白云矿坑，西至南京长江大桥南引桥，南至老虎山南麓，北至长江，总用地面积约243公顷。

金陵船厂规划范围：东至宝船五路，南至桥东街，西至宝船二路，北至江边，面积约33公顷。

资源挖掘

区位资源

金陵船厂基地处于南京中心区边缘，在上位规划中是幕燕滨江风光带的起点，同时也在中央路城市功能轴的终点位置，是两个重点区域的重叠部分，同时周边地铁3号线和长江大桥等重要交通节点也在基地附近。区位资源优越。

文脉资源

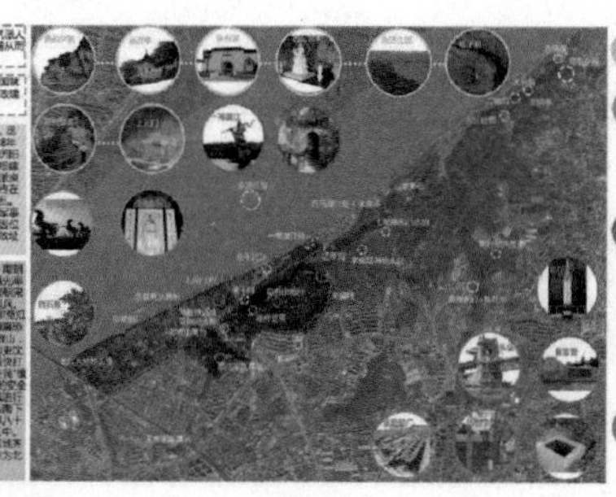

景观资源

研究范围位于城市滨江风光带上，有三个文化地标（南京长江大桥，渭口火车站，狮子山阅江楼）和一个城市一级地标（幕府山）其间存在于视线通廊，景观资源优越。

导向汇总

时代发展趋势——智能

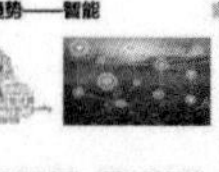

南京发展趋势——拥江发展

随着城市化发展，拥江发展成为南京外扩一大重点。

上位规划导向——古代文化

上位规划导向——产业发展

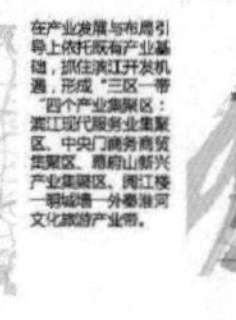

上位规划导向——现代休闲

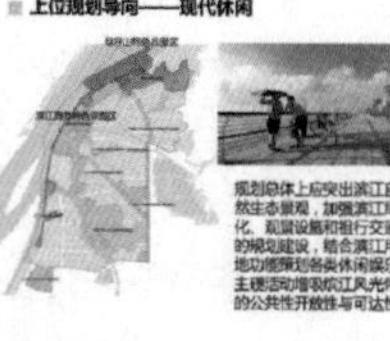

人群研究

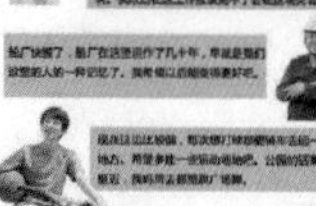

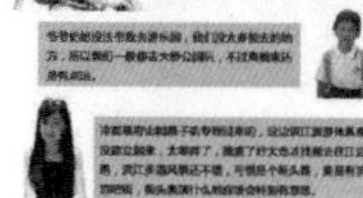

历史功能演变导向——休闲、旅游

公元前495年吴国冶城，长江只是天然屏障，滨江带作为军事用地，主要有一些军事堡垒

明朝时期，由单一的军事防御功能转变为复合的城市防御、工业、对外交通功能。

近代，长江军事防御功能变淡化，南京成为对外通商口岸，城市滨江带进而扩展了功能包括：居住、生产、商贸等等南京首都计划，将城市内部棚户区迁往滨江带的下关和汉西门一带，随着滨江带人口的增多，滨江带居住功能得以实现

1949年后，滨江地区及江北大厂逐步形成重型工业为支柱的沿江工业布局。滨江带现状功能逐渐复合化，工业生产、交通运输、游憩、生态防护

未来，极力凸显南京滨江地区"景观多样、宽度多变、文化多元、岸线多折"的总体特点和片区的各自特色，使其成为生态环境优越、历史底蕴深厚、空间形态优越、公共活力丰富的最精彩的滨江地区

研究路线

设计说明

这次竞赛研究范围是在南京市幕府山和长江之间的一段狭长地段，现状主要是荒废掉的用地和一定的工业用地，属于南京市中心城区的边缘。

问题梳理

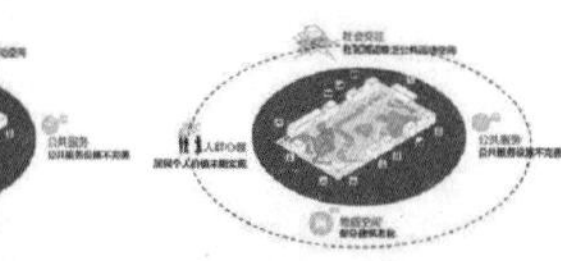

宏观修复策略

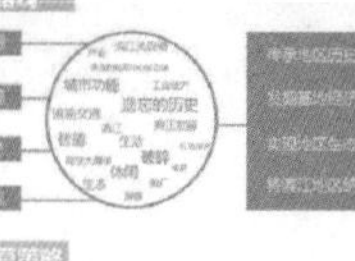

1. 植入更新的产业模块，作为带动地区的发展引擎，增强与中心城区的功能连接。

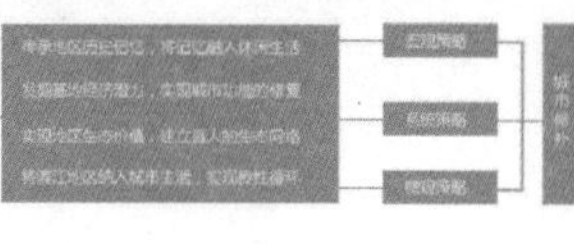

2. 评估地区文脉资源的发掘潜力，对历史文化脉络进行梳理。

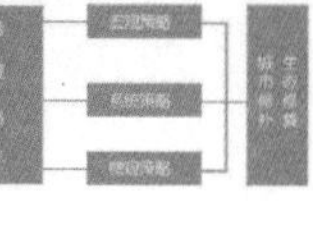

3. 整合现有绿地 公园资源以及生态区域，建立生态廊道

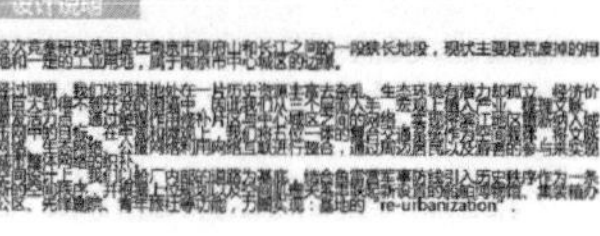

4. 梳理交通联系，横向加强与滨江风貌带其他地区的连接，纵向加强与城市中心区的连接

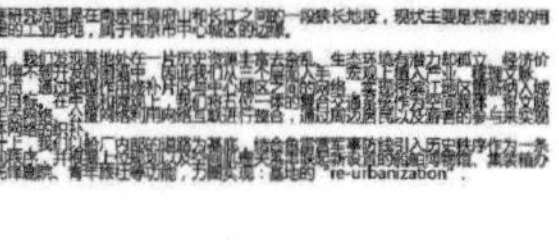

5. 片区位于城市中心区边缘，通过对产业、文脉、生态以及交通的植入和梳理，与城市在功能、生态、以及物质空间上的都建立联系，以此来实现将滨江片区重新纳入城市体系的目标

鸟瞰图

最佳设计表达奖

双修与再生：南京滨江地区的城市更新设计

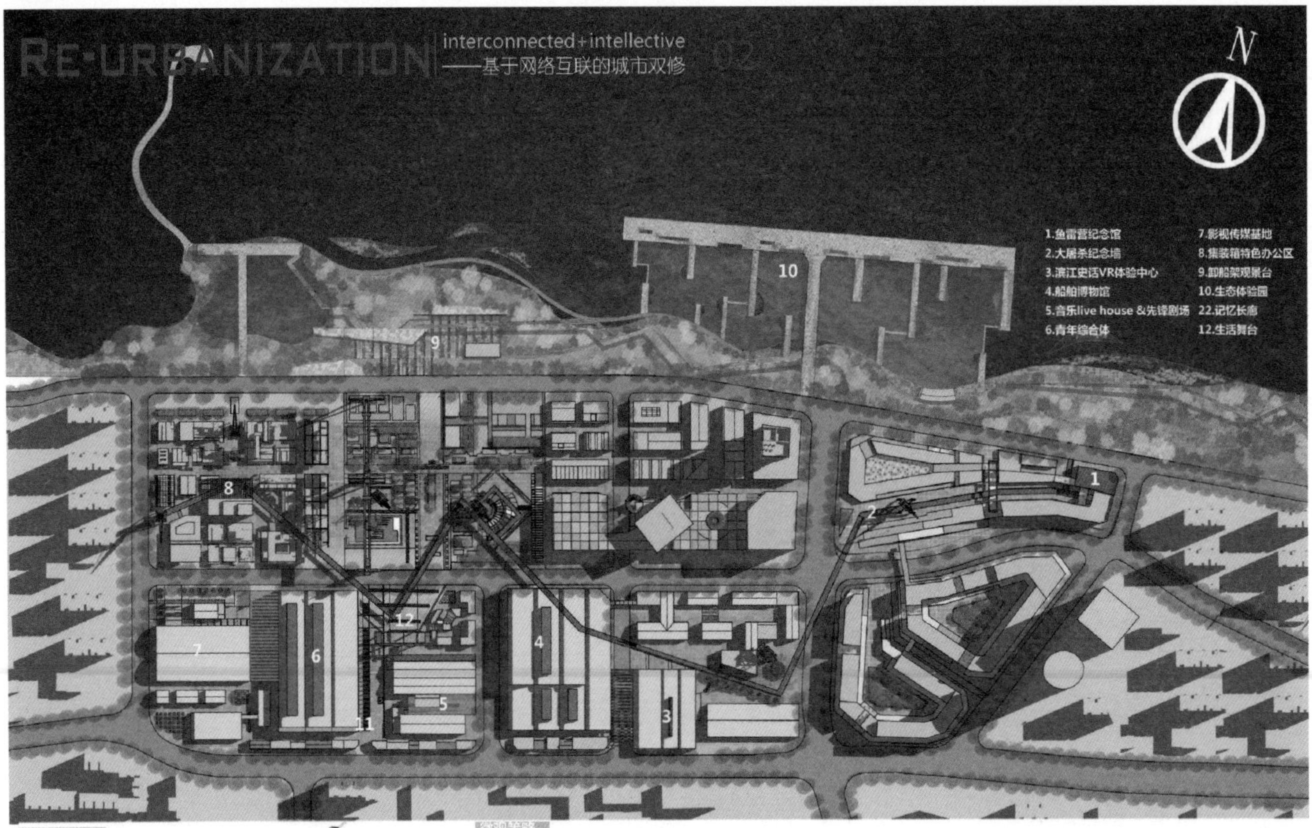

中观网络整合

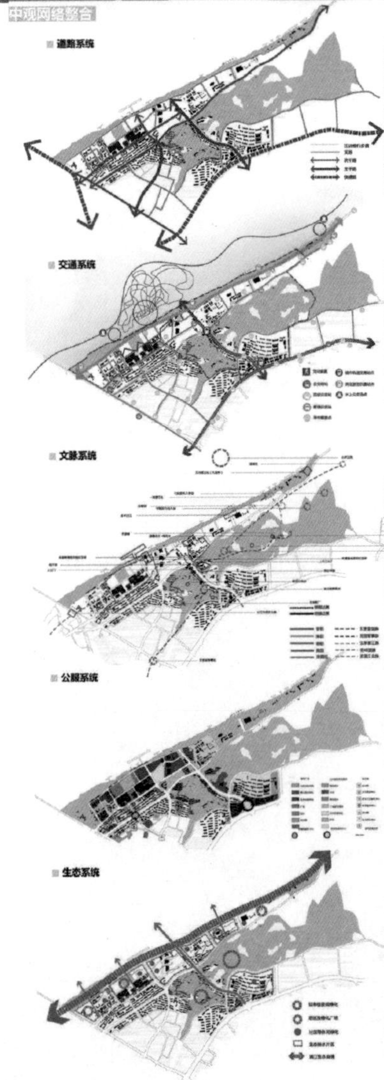

道路系统

1. 在城市原有路网的基础上，打通到达江边的堵塞的路
2. 梳理建筑肌理，增加路网密度，完善支路体系
3. 将江边慢行步道由上元门水厂连接过来，打造沿江景观路。

交通系统

1. 结合城市轨道交通3号线和现有公共交通体系，新增与城市其他景点联系和与滨江风貌带其他板块联系的公交
2. 打造集轨道交通、公交站点、自行车线路、宜人步行路、水上公交、五位一体的复合公共交通系统。
3. 复合公交系统作为其他连接其他网络的物质空间载体

文脉系统

1.深度发掘历史文化资源点，依托道路交通系统，在空间上建立联系。

2.找到文化资源点之间的关系脉络，通过与游客的网络交互，引领游客建立系统的认知，建立虚拟的网。

公服系统

1. 依据上位规划，结合现状调研，在研究范围内布置了菜市场、幼儿园、社区活动中心等
2. 通过网络平台实现公服便民化，提升公服使用频率，加快修补地区公共服务设施网。

生态系统

1、调研评估具有生态价值或者较好景观潜力的景观资源点，依据重要程度不同进行不同等级的划分
2、依托幕府山老虎山两个大的生态片区，建立各点之间的生态廊道。

微观策略

人群活动分析

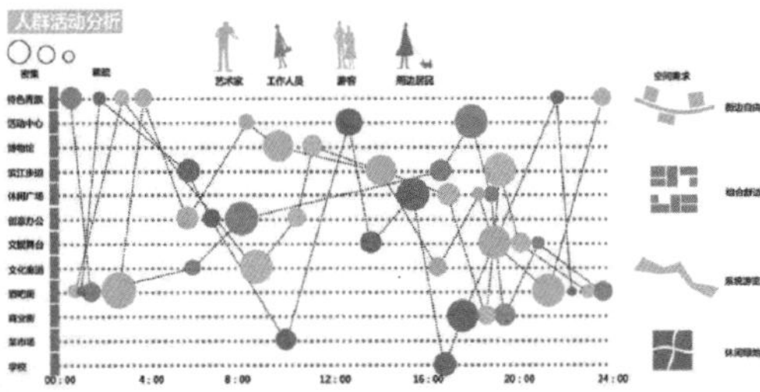

功能分区

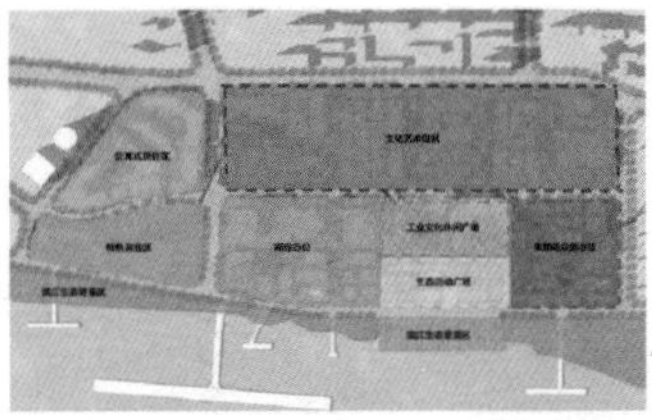

建筑质量评价

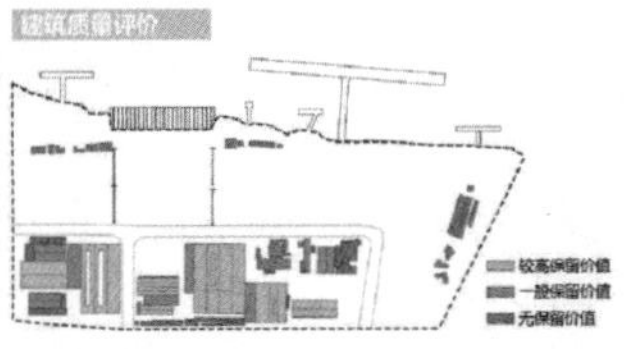

工业建筑改造策略

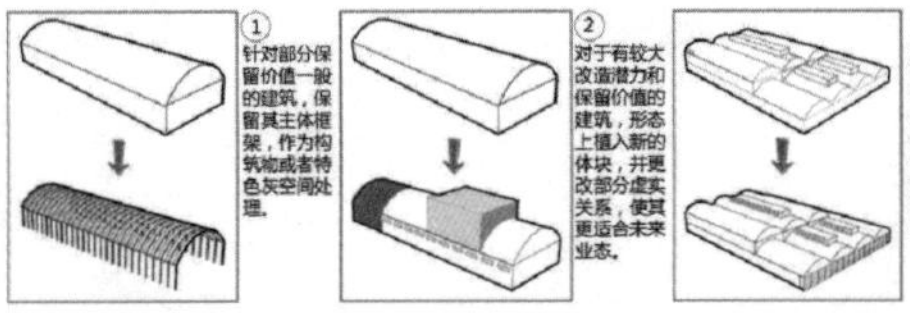

① 针对部分保留价值一般的建筑，保留其主体框架，作为构筑物或者特色灰空间处理。

② 对于有较大改造潜力和保留价值的建筑，形态上植入新的体块，并更改部分虚实关系，使其更适合未来业态。

③ 对于本身空间就较为丰富的工业建筑，保留整体材质，将部分立面打开，并在顶部新增天窗采集光源。

可持续生态设计策略

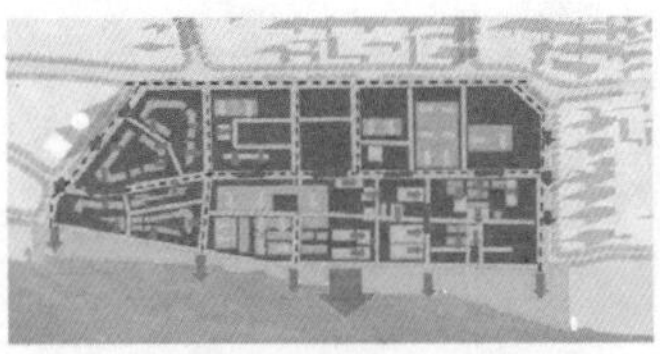

南京地区夏季高温多雨，基地又位于幕燕滨江地区，雨虹处理是极需要考虑的问题。我们设置了平均分布的绿色基础设施网络，将暴雨雨水过滤最大化，融入了生态屋顶，渗透式铺装和小型绿篱等，V字形沟渠，和沟渠盖形成相通的网络，将水池联系起来，结合特定的植物配置，形成放射性的有极强变通性网络。较大暴雨发生时，泛滥的雨水通过一些列水塘进行径流排放，从基地流入长江。

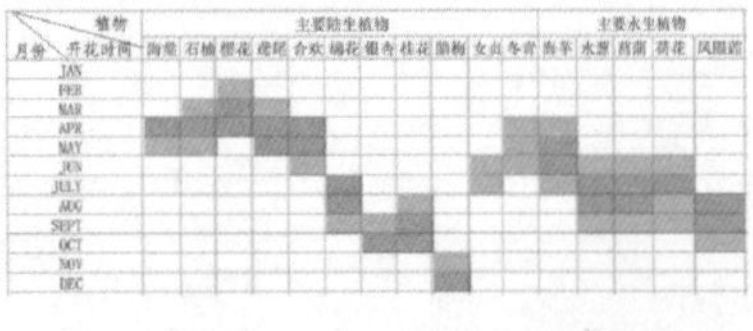

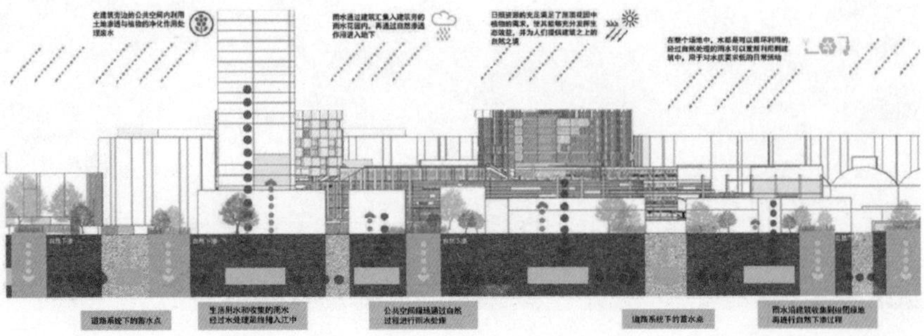

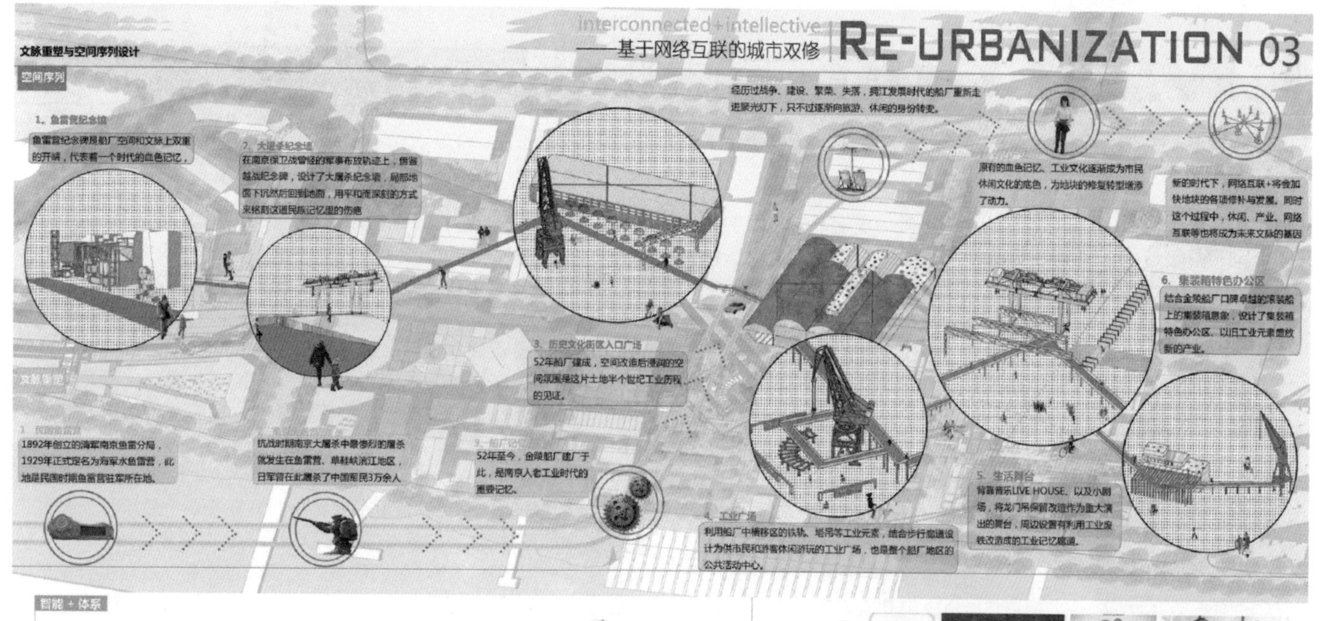

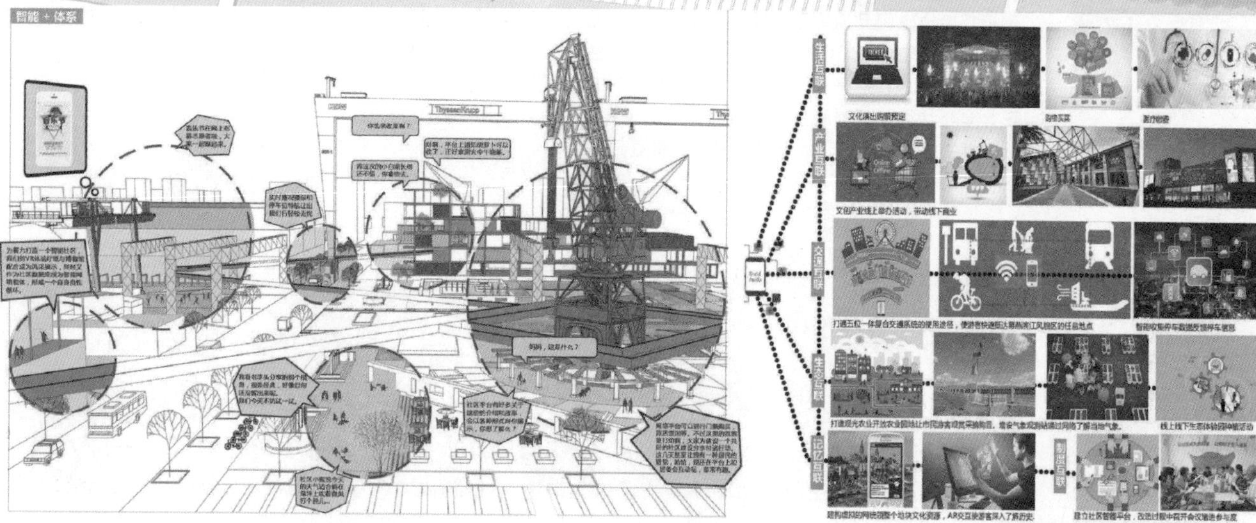

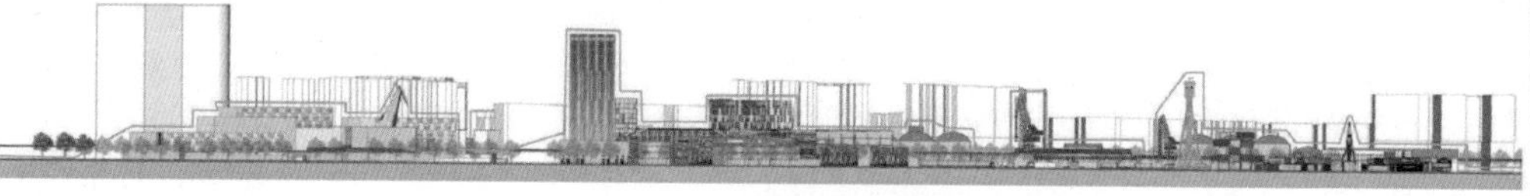

高架步道与沿江步道游览区

我们在沿岸设计了贯穿江边的游步道，配置南京本土的野生植物。当春夏水位上升之时，人们可以在高架步道上享受自然之趣

长江沿岸动植物生态展示区

基地中原有大码头经过改造，增加多条到达码头的硬质道路，并配合绿植小岛，作为长江沿岸特色的动植物生态展示区，向人们展示长江沿岸所特有的浮游鱼类生物和水生植物，起到观赏和教育的作用，并通过长江沿岸生态植物的配置，对沿岸水质进行净化，为沿岸动植物提供良好的水环境。

+50.00m
滨水植物：
垂柳、水杉、落雨杉等
+25.00m
挺水植物：
菖蒲、水葱、芦苇、荷花等
+10.00m
0.00m
沉水植物：
苦草、黑藻、大水芹等
-70.00m
-100.00m
沿岸型浮游鱼类生物：　白氏银汉鱼　鲢　鳜鲳　小黄鱼

船厂卸船架文化改造区

废旧卸船架是船厂独特的文化遗存，有着纪念性和标志性，因此我们将旧铁道保留，通过本土植物的种植将其周边硬质铺地软化，使之成为人们休闲娱乐之处，废旧的船架还有一定程度的展示教育意义，让人们在这个空间中感受到历史与现代的交融。

最佳设计表达奖

Living Lab——大学与社区联合实践下的矿坑生态修复设计

THE GRADUAL ECO-RESTORATION WITH THE PARTICIPATION OF COMMUNITIES

指导教师

吴潇

干晓宇

城市实验 未来生活

通过对基地的调研和文献资料的查询，我们发现矿坑虽然已经进行过前期的生态修复，生态环境得到了一定程度的改善。但要完全恢复，依然会面临许多技术和经济上的难题。此外我们注意到，基地的特殊区位，处于南京各大高校之间，且这些高校大都科研实力强劲，专业涵盖全面，且其中很多学科都是与生态修复和城市修补有着直接或者间接的关系的，能保证基地在“前期勘探设计 - 中期修复建造 - 后期运营维护”这样一个完整周期内提供足够的技术支持，且这样一个“科研结合实践，创新立足自然”的实验室，会比传统的在楼房之中的实验室让学生更易于接受和成长。另一方面，生态基地又能成为南京市民参观游览的景区，甚至其中的某些科研板块，还可以选择向公众开放，达到展览和科普教育的目的，以此完善幕府片区的城市功能，完成城市修补。

基于这个构思，我们确定了以 GIS 为前期分区基础，每个区域采取不同程度的干预手段的修复原则。GIS 分区基础：根据资料查询，以基地内土壤含水量、土壤层厚度、植被覆盖度和生物种类丰富度四个要素作为单因子评价标准，综合评定得到基地内不同生态敏感度的区域。根据区域敏感度高低采取相应的生态修复手段。

生态修复手段：根据资料查询，将生态修复手段分为景观修复、生物修复、土壤覆盖三种，其对生态环境的干预程度也由轻到重有所不同。不同敏感度的区域对应不同的修复手段，争取将修复后人类活动给生态环境所带来的影响降到最低，做到人与自然和谐发展，生态与城市共同修补。

总结下来，这是一次创造性的尝试，将 Lab 搬到大自然当中，寓教于乐，充满实践性和趣味性。同时也增强了大学与社区之间的联系，将教育资源更加优化的利用输出，在完善了城市功能的同时，也对生态环境表现出最大程度的友好，相应了城市双修的竞赛主题。

参赛学生

何毅文

这次参加竞赛，让我感触颇深的是在城市设计过程中对于基地的调研和分析能力的重要性。如何联系人们的实际需求并解构设计难题，是一项需要不断锻炼和强化能力。我们组在这方面还有十分大的进步空间，也希望在之后的学习实践中能够不断地改善和进步。同时很感谢“西部之光”给了我们一个同优秀的城市规划学生相互交流学习的平台，正所谓见贤思齐焉，让我们在了解自身不足的同时，也能够学习到其他组的优势和闪光点。

最后也希望“西部之光”越办越好，水平越来越高！

甄舒惠

我们小组选择矿坑这块基地，所以主要工作是围绕生态修复，在大量的资料查询中，我了解到生态环境对于一个城市健康发展的重要意义。作为未来的城市规划工作者，我对生态保护与人性化结合有了初步的体验经历，将人类活动置身于自然当中的设计总是具有魅力的。这次比赛获得了佳作奖，无疑是对我们小组能力的肯定，同时看到更优秀的作品也是一种鞭策。就个人而言，组员们对待工作认真的态度和活跃的思想对我的带动和激励，要远远大于我在这次比赛中获得的其他东西。

唐朝

参加设计竞赛是一次宝贵又有趣的经历。首先是跨学科应用能力得到了提高。尽管我们对于城市生态有基础的认识，但落实到基地中切实的生态问题，具体又科学的生态修复方法在我们的方案中得到体现。从最初的理念构思阶段，产生奇妙的火花；到方案设计阶段反复推敲论证，确定整个方案的叙述方式；再到最后的制图阶段，大家各取所长，发挥团队优势。绿水青山就是金山银山，这次的生态修复主题正契合中国城市发展所面临的巨大挑战。只有落在真实的社会环境中，设计才不会是空中楼阁。

魏意潇

西方之行，如回故里。幕府山青，新规践行。城市设计，初来艰辛；不寐挥笔，终见雏形。人疏志异，偶来撕鸣；形散工停，孤苦伶仃。幸得益人，团结一心；鸡鸣不停，苦寒化金。

臣本凡人，画图于鄙校。苟全毕业于规划，不求闻达于业界。专指委不以臣愚钝，猥自枉屈，与臣以优秀之奖，由是感激，遂书心得以谢之。

唐明珠

我们在设计初期的分析阶段遇到了很大的瓶颈，囿于如何找到区别于众多的矿坑修复项目的切入点。后来受到 Living Lab 的启发，提出将整个生态修复过程作为设计主题、公众亲身参与建设的新思路。

本次设计的主题也让我们更加关注城市的生态环境和生态修复手段，强调了城市活力的重要性。在老师的指导下和同学们互相鼓励切磋之下，自己的分析能力、设计能力和表现能力都得到了提高，对我国城市现阶段面临的问题和城市双修也有了更深刻的认识，这将是成为学习生涯中一段重要且难忘的经历。

Living Lab——大学与社区联合实践下的矿坑生态修复设计 01

THE GRADUAL ECO-RESTORATION WITH THE PARTICIPATION OF COMMUNITIES

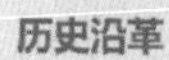

历史沿革

幕府山始有"幕府"之名。著名的金陵四十八景中有六景分布在幕府山附近。

新中国成立后，幕府山建立白云石矿厂，主峰成了主要的开采矿区，对白云石矿区进行大规模开采。

过量的开采忽视了矿坑的生态修复能力，不合理开发造成巨大凹陷，对矿坑的生态环境造成严重破坏。

政府意识到开采造成的生态破坏，责令关闭采石场。启动幕府山生态植被恢复工程，经过十多年的生态修复，矿坑的植被覆盖工作基本完成，生物多样性逐渐恢复，而基地作为再开发备用地亟待规划设计。

区位分析

基地位于江苏省南京市幕府山，横贯于南京市鼓楼区和栖霞区，北临长江，西起上元门，东至燕子矶。基地隶属于长江观音景观区，金陵四十八景独占六景，风景优美。基地距南京市中心（新街口）仅9公里，地理位置优越。周边交通设施齐全，地铁三号线沿幕府山西侧而过，交通便捷。

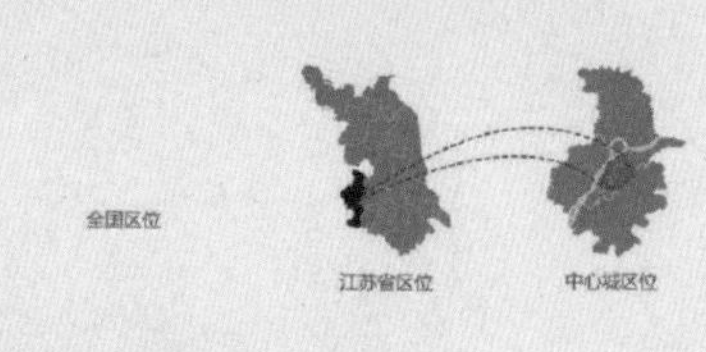

上位规划分析

根据《鼓楼铁北中央门片区控制性详细规划》，确定基地的用地性质为绿地，且对中央城区生态环境的改善有重要意义。因此对此次设计提出两点原则：

一、充分考虑生态现状少做建设性开发，尽量保证基地原真性。

二、植入其他城市功能，打造幕府特色意象，服务周边居住区。

策略构思

起因

基地已完成初步生态修复，但生态环境仍然十分脆弱。需要更专业和科学的生态修复设计。

优势

南京高校众多，每个学校都有自己的优势学科。学术交流频繁，拥有良好的科研实践基础。

趋势

学科交叉，交流合作是近年来大学教育的潮流之一。高校的各自优势学科间的相互协作也为大学生提供了实践创新平台。

发展

居民长期住在城市之中，对于自然有迫切的亲近感。亲自参与建设让他们零距离接触自然。

愿景

一个由高校主导设计，公众亲身参与建设的，具有科普、科研、观光等多种城市功能的生态绿地修复项目。

设计策略图示

大学 技术 设备 / 社区 人力 / 基地

前期规划设计制定修复方案 · 学科交叉成立生态修复小组 · 国家重点实验室 · 都市农业蔬菜贩卖 · 游客观光 · 周边居民散步 · 餐饮商业

志愿者实践基地 · 专业团队承接基础修复工作 · 学生创新实践基地 · 市民体验生态项目 · 儿童科普参观 · 学生创新实践 · 南京市民观光旅游

城市再开发备用地 | 绿地

娱乐 旅游 教育 科研实践 展览 绿地

Living Lab概念诠释

大学层面：实验科研不必拘泥于学校之中，走到自然环境之中。学以致用，不再面对枯燥的数据栩栩如生的过程诠释了"Living Lab"的含义。

社区层面：居民以志愿者的形式参与到基地的生态修复中来，零距离接触自然，重拾已经生疏的动植物知识，教育下一代要了解自然，保护生态。

社会意义

当城市土地大量硬质化的时候，当孩子在博物馆中只能看到标本的时候，一个"活生生"的"实验室"出现在城市之中就显得十分难能可贵。它带来的除了城市功能的完善，还有一个城市乐观向上的态度。

生态修复策略图示

土壤含水量评价 · 土壤层厚量评价 · 植被覆盖度评价 · 生物丰富度评价 → ×权重因子 → 敏感度低 · 敏感度较低 · 敏感度适中 · 敏感度较高 · 敏感度高

娱乐餐饮等商业活动 · 展览参观等科普项目 · 游憩观光等休闲活动 · 亲自参与修复项目 · 不予设计人类活动

此次生态修复设计从基地内的土壤、植物、生物三个方面评价基地内各个区域的生态敏系统的敏感度，再根据敏感度的高低采取不同的修复措施和针对性规划人群适宜进行的活动。

策略支撑分析

周边高校分析

南京高校众多，专业涵盖面广，学科交叉合作对矿坑进行生态修复具有天然优势。基地位于高校群中间且相对距离较近，具有一定区位优势。

公共服务设施分析

城市中展览、教育功能相关的公服设施都集中布置在玄武湖附近。基地周围拥有大量的居住区，但缺乏相应功能的城市配套设施。

居住人群需求分析

基地周边居民基数很大，主要分为老式小区和新修楼盘。因此人群组成主要由老年人和青年人构成，对娱乐功能的设施需求量较大。

周边交通分析

基地位于南京市发展主轴上，交通条件较为便利。地铁环绕其东、南、西三面，乘坐公共交通可达性高，具有面向市民的交通基础。

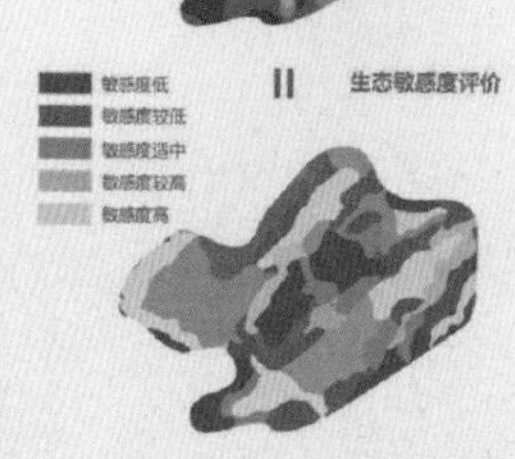

生态敏感度GIS评价

土壤水含量评价：含水量最多 · 含水量较多 · 含水量一般 · 含水量较少 · 含水量极少

\+ **土壤层厚度评价**：土壤层丰富 · 土壤层较丰富 · 相对均质土壤层 · 岩石层较厚 · 岩石层极厚

\+ **植被覆盖度评价**

\+ **生物丰富度评价**

= **生态敏感度评价**：敏感度低 · 敏感度较低 · 敏感度适中 · 敏感度较高 · 敏感度高

Living Lab——大学与社区联合实践下的矿坑生态修复设计 02

THE GRADUAL ECO-RESTORATION WITH THE PARTICIPATION OF COMMUNITIES

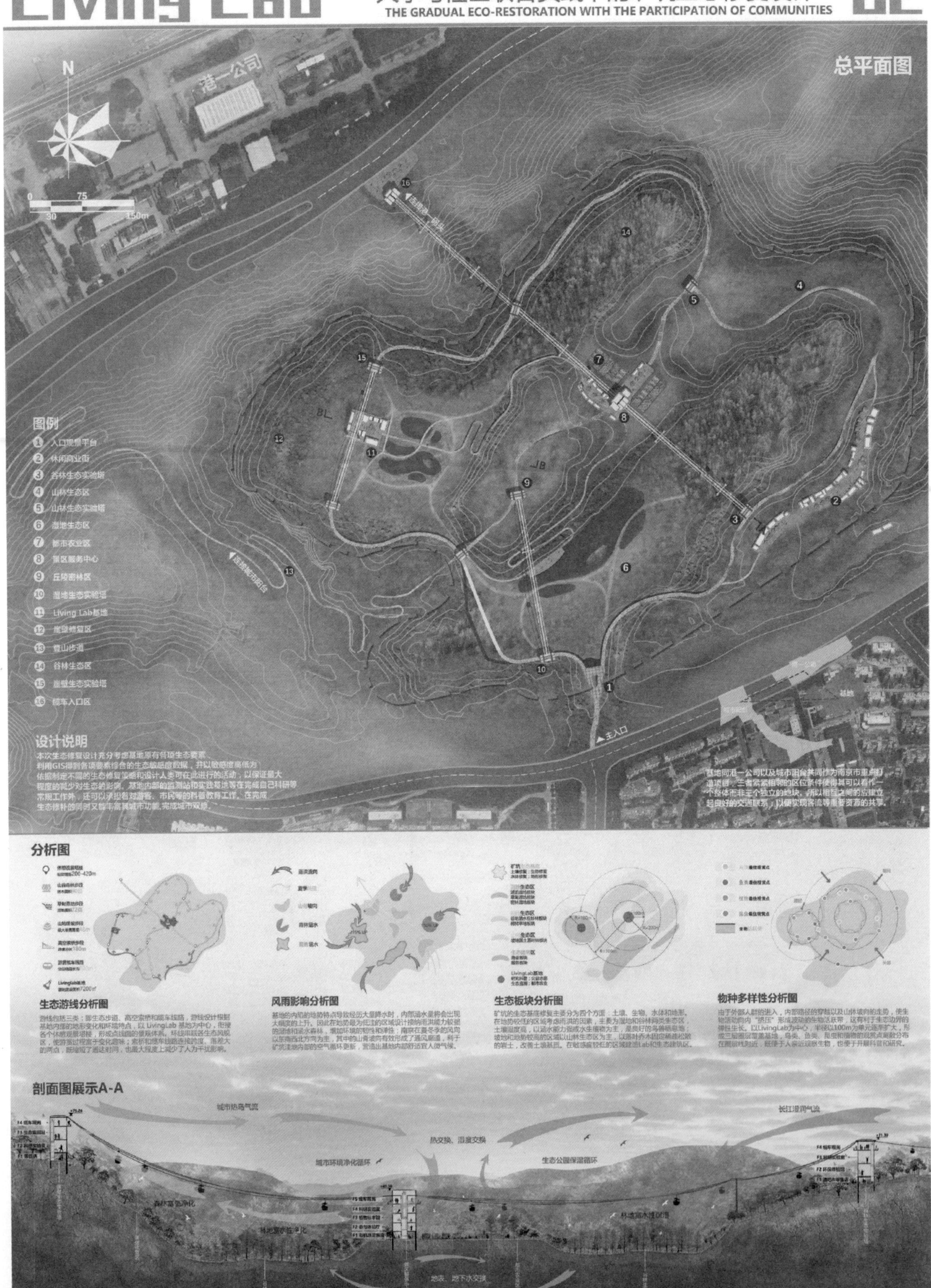

Living Lab——大学与社区联合实践下的矿坑生态修复设计 03

THE GRADUAL ECO-RESTORATION WITH THE PARTICIPATION OF COMMUNITIES

剖面图展示B-B

行慢连城 壹·断

连接理论下慢行多态系统构建

指导教师

魏皓严

不被阻断的步行

本规划位于南京幕燕城市阳台片区，坐山面水，干道连接，在山水人文资源方面有较好的优势，在汽车、地铁等交通方式上有较好的建设；但另一方面，现有山体切割场地南北五塘、滨江两个地区，防洪江岸分隔陆江地区，交通性干道分隔各个居住旅游功能区，整体体系与资源呈现无序与杂乱的形态。于是我们以基地要素断裂为切入点，采用连接理论以点、线、链组织场所、空间、产业，强调现有的孤立节点通过激活，连接与辐射整个场地，并构建一个合理的空间体系与空间秩序。

设计策略整体着重构建慢行多态系统，通过环境、交通、产业三个方面的切入来构建复合的系统：①开放节点，结合场地资源，幕燕山水，形成公园、观景点、小广场、江岸平台，并最后形成多样的场所及活动，以此强化开放空间的丰富变化。②慢行系统，以空中慢行空间连接各个区域，并补充车行压力下的步行空间以及优化步行体验，强调步行的连续性以及移步换景的不同特色区域的串联。③多态产业，以多态复合产业组织肌理功能，以此应对场地的多样需求并增强场地丰富度，结合亲人的街巷肌理探索与现代绝对功能分区不同的空间产业分布，以居商复合、文创建设、居游共享等复合产业强化各个功能相互的联系。

通过空间点、慢行线、多态链三个复合结构同时改善空间品质、步行体验、产业结构三个主要方面来更新老旧社区与组织新兴地区，最终串联组织整个场地活动，达到场地要素的充分连接与整个结构骨架的复合清晰，最终追求达到整个旧城的空间传承、山水保护下的现代更新。

总结下来，这是一次创造性的尝试，将 Lab 搬到大自然中，寓教于乐，充满实践性和趣味性。同时也增强了大学与社区之间的联系，将教育资源更加优化的利用输出，在完善城市功能的同时，也对生态环境表现出最大程度的友好，相应了城市双修的竞赛主题。

参赛学生

王逸然

参加竞赛是一个很有趣的体验，从方案选择、时间控制、推进阶段我们有了更多的自由控制权限，但这又是一个极大的挑战，多个方向的选择、方案进度的控制这些方面突然变得十分困难，这些对我们之后的学习与发展都还是一个宝贵的实践体验。另一方面，货真价实去接触一个实际的选题，不同于学校难度控制的渐进，现实的城市有更多的追求，更多的方向，更繁乱的信息，解开镣铐又如何去前进，繁华现实又如何去面对，都是很困难的问题，我们也通过本次竞赛做出自己的解答。

余欣怡

在大三暑假的“西部之光”竞赛对于三年级的我们是一次挑战也是一次难忘的团队合作经历，在教室与大家交流学习的暑假是最好的时光。

尽管设计之初对城市设计懵懵懂懂，但我们的团队团结积极，凭着天然的热爱与探索，指导老师“设计也是意志与勇气的锻炼”的鼓励，积极问询于老师学长，我们克服了一个个设计过程中的困难与瓶颈点，这是一个我们大家都认可的成果。同时对比赛中优秀方案，我们认识到自己在理论上的欠缺，分析方面的不足，需继续积累努力！

沈恩穗

这次和组员们一起参加“西部之光”，并且全力以赴地协作完成这个竞赛是这个暑假之中最开心、最有意义的事。组员对方案的探讨中不同思维的碰撞与磨合是十分难忘又珍贵的经历。在交流碰撞的途中，我们重新认识了自己，意识到了自己的不足，也明白了一些新的道理。最终我们在“西部之光”竞赛中荣获佳作奖。在设计过程中，我们意识到了在城市调整发展时，该如何通过城市功能的修复去重塑一个城市的美好品格，要做出人性化的设计，必须将视野从宏观转入微观。以一个普通居民为立足点，来观察整个城市。

张诗洁

如果要总结这次参加“西部之光”的感受的话，我想用魏老师告诉我们的那句“是一种意志与勇气的锻炼”。参与这次竞赛是第一次这么多人一起做一个设计，其间不仅学到了专业知识，在交往沟通等各个方面都有着不一样的锻炼。

大三的我们还没有做过城市设计，开始的时候不知道要做什么、要怎么做，五个人一起摸爬滚打，才有了最终的成果，即使它有一些不完美、不寻常的地方，但这是我们一起为之争论、讨论、努力、奋斗的成果，我很喜欢它。

邓慧霞

参加“西部之光”成为我们这级同学之间的一个潮流，大家都是抱着将其当作进入城市设计的一个预备课程的心情，慢慢从无到有、从了解到深究——参赛初衷。

在《行慢连城》中我们将关注点放在慢行交通的构造上，以营造适宜的步行激活系统为载体，进行一场以旧对新、大小肌理交融共存的南京老城历史回顾的探讨——作品理念。

正所谓见贤思齐焉，让我们在了解自身不足的同时，也能够学习到其他组的优势和闪光点。最后也希望“西部之光”越办越好，水平越来越高！

行慢连城

壹·断

连接理论下慢行多态系统构建

场地步行空间分析

大尺度空间缺乏活力　街道嘈杂　公共空间品质差　滨江空间不可达　山体私人性强　街道界面缺乏整治

场地建筑功能

商务
居住
工业
交通服务
商业

断·裂

活动断裂

空间断裂

产业断裂

场所断裂

空间功能分布

场地产业分析

活动场所分析

断·叙

场地简析

南京城区
场地位于南京城区北片西部，北临长江。

上位规划
滨江风光带、中山路-中央路-中央北路商务商贸轴位于场地内部。
滨江特色意图区和幕府山特色意图区穿过场地。

中观规划
周边有金陵船厂、港一公司原址、矿坑、幕府山、老虎山、大桥公园、南京长江大桥和居住组团。

特色提取

中央北路现代轴
场地在城市现代轴上承载了表现现代城市风貌的作用

山水格局
幕府山、老虎山和长江形成的大山大水的整体景观格局

城市展示
南京长江大桥向场地的视线控制与滨江风光带结合

周边地区
周边有规划的金陵船厂工业遗产和矿坑生态用地

断·取

明南京城·四重城墙　明城外郭·十八城门　今南京城·主城副城

郭——历史传承

街——城建特色

渡——江山风色

老城南　鼓楼　桥北

永济江流　幕府登高　达摩古洞

对话新旧

复兴文脉

生态修复

断·决

技术框架

调研·断裂失序	场地失活	活动断裂
	功能分隔独立；产业冲突老旧；场所供点失落	空间断裂　产业断裂　场所断裂
	要素失序	场地要素缺乏沟通统一，相互冲突
策略·连接修补	串联要素	连接理论
	慢行连接空间区域；复合构建多样产业；意象组织丰富活动	空间连接　产业连接　场所连接
目标·系统构建	慢性多态系统	
	行慢连城	

行慢连城

贰·连

连接理论下慢行多态系统构建

0 20 50 100m 200m

N

经济技术指标

建筑面积 63.10万m²

场地面积 40.33公顷

建筑密度 22.25%

容积率 1.56

1 滨江绿道
2 滨江广场
3 滨江商业街
4 文化展览馆
5 商务商贸区
6 街边公园
7 空中步道
8 养老院
9 老人活动中心
10 文化创意区
11 观景平台
12 空中生态廊道
13 山地创意篱落
14 居民活动广场
15 居民区
16 社区服务中心
17 生活商业街
18 特色广场
19 商业综合体

连·策略

空间——慢行街坊

现代城市空间：较大尺度空间；独立实体建筑；空间体验均一

传统城市空间：人行尺度空间；连续街道界面；空间体验变化

传统+现代城市空间

步道构建 / 肌理置入

产业——多态融合

带状连接 / 功能复合 / 区域多样

滨江区域 / 中部区域 / 五塘区域

场所——留忆山水

街 / 院 / 山 / 水

场所意向

连·生成

连·系统

交通 / 肌理 / 观景点 / 绿化 / 功能 / 公共设施

连·活力

游客活力线策划

居民活力线策划

市民活力线策划

活力构建

总平面图 1：2500

行慢连城

叁·承

连接理论下慢行多态系统构建

设计理念

本规划以基地要素断裂为切入点，采用连接理论以线组织空间、产业，场所，通过连接与辐射，激活整个场地。

设计策略整体构建慢行多态系统，以慢行空间连接各个区域，并补充车行压力下的步行空间以及优化步行体验；以多态产业组织肌理功能，以此应对场地的多样需求并增强场地丰富度，并最后形成多样的场所及活动。以此更新老旧社区与组织新兴地区，最终串联组织整个场地活动。

承·场景

城市阳台-活力街道

大尺度商务建筑中间巷

居现办公，空间渗透

幕府山麓-山野漫步

保留社区-旧貌焕新

承·活力

承·生境

生物廊道

廊道设计宽度：20m

连接慢行 动物迁徙 群落多样

生态驳岸

驳岸剖面

人工湿地 人工浮岛 柔性生态袋

老社区绿色化改造

绿色能源，雨水搜集

垃圾分类 LED照明 立体停车库

生态创意园

雨水花园，寓教于乐

原料回收 当地材料 透水路面

滨江商业街立面 1:500

山地创意聚落立面 1:500

佳作奖

敬佑荣光 ——基于老职工关怀的金陵船厂更新规划设计

Glory of Twilight

------有些情怀埋藏于心底，寂寥了一辈子，

指导教师

沈婕

段德罡

船声渐逝迹可远，旧人渐老荣如故

金陵江畔，老船厂屹立数十载。它曾是这个城市的荣耀，见证了中国造船业的发展——也见证几千职工推着自行车浩浩荡荡走出厂门，来来往往进厂出厂的船只连绵，也闻机器的轰鸣不绝，大船下水众人欢呼雀跃……

如今，老船厂即将迁走，船厂的老职工退出了舞台，打造了船厂乃至整个中国造船业辉煌历史的他们，生活如何保障？日后又将何去何从？他们曾是时代的脊梁，如今已到耄耋之年。曾经辉煌，当下失落；缺乏关注，缺乏关爱；老弱多病，丧失希望；交往困难，受骗上当……我们应充分尊敬并呵护那曾经的“荣光”，在这老船厂的土地上延续“大企业里的小社会”，延续固有的人际关系，让船厂的老职工们在曾经战斗过的地方生活，有尊严地慢慢老去。

在这次更新规划设计中我们将“未搬迁的老职工”定位为基地核心使用人群。设计整体以打造老职工日常活动空间为主，保留并改造见证了船厂发展历史的老厂房，植入新的功能来满足老年人的生活需求；结合保留的室外工业生产线，新建博物馆，用以船舶工业展示，留住老船厂的记忆。同时，对滨江水岸进行生态修复，打造慢行系统，连结滨江岸线，使断裂沉寂的滨江水岸活络起来。

通过“城市修补，生态修复”，这里将是中国近代船舶工业展示教育基地，也是南京滨江风貌带的重要节点，是服务于周边居民的活力片区，更是一个基于老船厂情感联结的老龄天堂。

愿曾经辉煌的缔造者在温暖中走向远方，没有欺诈、没有伤害，没有贵贱、没有阶层，老有所为、重现价值，老有所养、临终关怀，在爱的天地里，含笑离去……

参赛学生

佳作奖

王羽敬

第一次参加竞赛总是让人印象深刻，从踏上南京调研之旅，到一张张的方案草图纸，一次次的方案汇报，一次次的熬夜作图，以及最终提交成果，感谢我的老师与同伴，你们一直在我身边……参加这次竞赛自己学会了很多，不只有专业知识的提升，技术手法的掌握，更体会到身为一名规划师的职责，体会到用心去做规划是件多么快乐的事情。感谢这次竞赛，这些美好记忆都将伴随着我，自勉成长。

王怡宁

纪念第一次参加竞赛，故虽有憾，化之为进，但我们真的超级棒，尤记我们去南京调研的时候，走在江边栈道，吹着江风恰好看着天空中的晚霞从粉色变为紫色，真的美炸了，此次南京之行也成了我们小组美丽的回忆。金陵船厂是我们最终选定的地块，聚焦这些将半生时光奉献给这个船厂的退休职工，我们能做的就是尊敬爱护他们，为他们所需所想设计，以人为本从来不是说说而已。

杨雪

拿到题目后，经历过一段迷茫期，4 个各有特色的地块不知道选哪个作为我们的研究对象；又经历了一段探索期，最后我们决定把研究人群放在首位，所以选择了有历史的金陵老船厂。充分考虑人的行为和心理活动，不论是做规划还是做建筑，最终都是给人使用，评判结果的好坏也是使用者，所以我们必须以人出发，这也是我通过这次竞赛收获的东西，对于分析问题、解决问题的方法也得到了提升。

吴倩

从选地块到出方案，大家在思想的一次次碰撞下，我们最终选定了金陵老船厂地块。城市是一个以人为支撑的体系，规划也应从人的视角出发，不能一味地只是迁出或者拆除。很感谢选到老船厂这样一个具有时代意义的地块，让我们不再只是站在空洞的层面上做方案，而是深入人群，以人为本。

感谢老师和小伙伴们共同的努力，我们收获了更多的知识和情谊，也让我们重新认识了城市。

尹正

作为不同专业的学生，组队参与竞赛能形成一种互补，互相了解对方的思维方法，汲取不同的知识理论，做出考虑更为周全的规划设计方案。指导老师们给予我们的帮助也是巨大的，一方面，引导我们跳脱原有的思维定势，做出更加纯粹、更加天马行空的方案；另一方面，他们又能清晰明确地指出我们阶段成果的不足，从而促使我们更加深入地进行改进。在此，由衷地感谢他们。

敬佑荣光——基于老职工关怀的金陵船厂更新规划设计

Glory of Twilight

------有些情怀埋藏于心底，寂寥了一辈子，却深刻了几代人......

壹

区位背景 Background of site &range

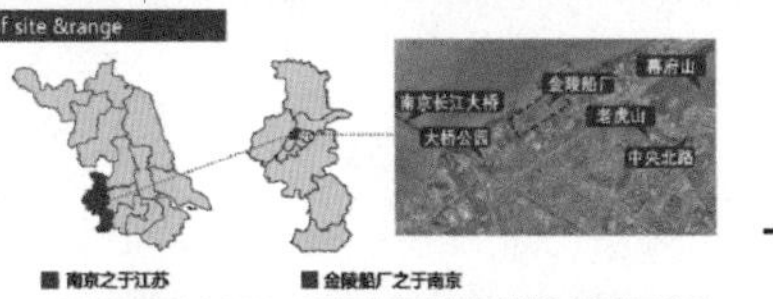

■ 江苏之于中国

江苏省位于华东长江三角洲经济区，在苏南、苏中、苏北协同发展的产业格局中扮演核心角色。

■ 南京之于江苏

南京是江苏省的经济中心,重要的产业城市和交通枢纽，经济核心地区的枢纽城市。

■ 金陵船厂之于南京

金陵船厂位于江苏省南京市鼓楼区，处于幕燕风景区上。东起宝船五路，西至宝船二路，南临桥东街，北至长江滨江水岸，占地约33公顷。基地内整体地势平坦。

金陵船厂荣光事纪 History of JinLing

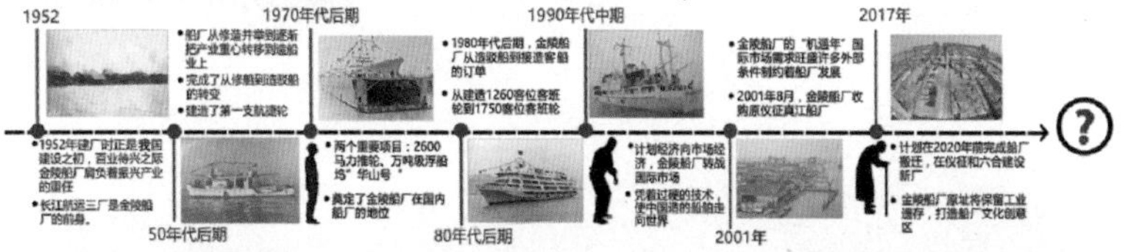

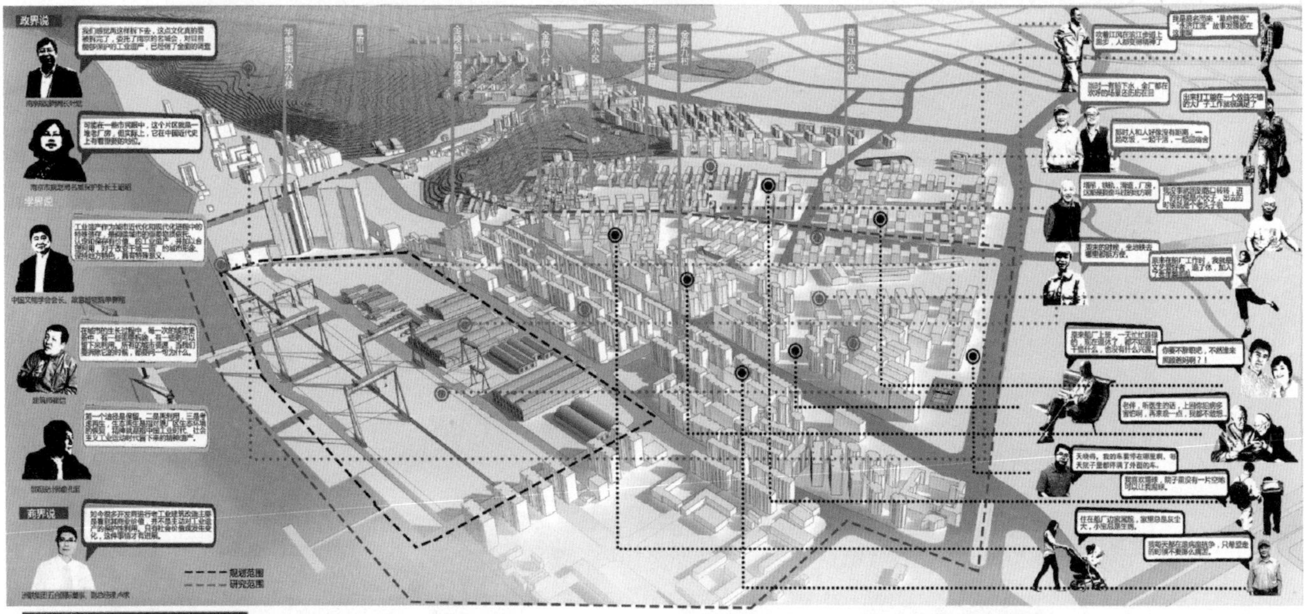

1952
- 1952年建厂时正是我国建设之初，百业待兴之际金陵船厂肩负着振兴产业的重任
- 长江航运三厂是金陵船厂的前身。

50年代后期
- 船厂从修造并举到逐渐把产业重心转移到造船业上
- 完成了从修船到造驳船的转变
- 建造了第一支航驳轮

1970年代后期
- 两个重要项目：2600马力推轮、万吨级浮船坞"华山号"
- 奠定了金陵船厂在国内船厂的地位

80年代后期
- 1980年代后期，金陵船厂从造驳船到接造客船的订单
- 从建造1260客位客班轮到1750客位客班轮

1990年代中期
- 计划经济向市场经济，金陵船厂转战国际市场
- 凭着过硬的技术，使中国造的船舶走向世界

2001年
- 金陵船厂的"机遇年"国际市场需求旺盛许多外部条件制约着船厂发展
- 2001年8月，金陵船厂收购原仪征真江船厂

2017年
- 计划在2020年前完成船厂搬迁，在仪征和六合建设新厂
- 金陵船厂原址将保留工业遗存，打造船厂文化创意区

政界说 / 学界说 / 新界说

---- 规划范围
---- 研究范围

基地现状分析 Base status analysis

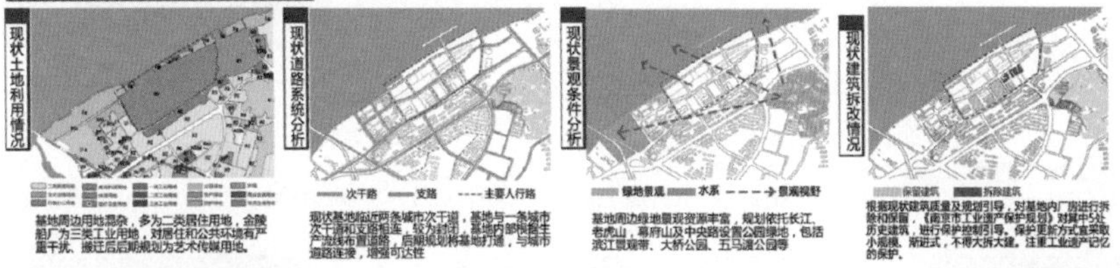

现状土地利用情况：基地周边用地混杂，多为二类居住用地，金陵船厂为三类工业用地，对居住和公共环境有严重干扰、搬迁后后期规划为艺术传媒用地。

现状道路系统分析（次干路 支路 主要人行路）：现状基地临近两条城市次干道，基地与一条城市次干道和支路相连，较为封闭，基地内部根据生产流线布置道路，后期规划将基地打通，与城市道路连接，增强可达性

现状景观条件分析（绿地景观 水系 景观视野）：基地周边绿地景观资源丰富，规划依托长江、老虎山，幕府山及中央路设置公园绿地，包括滨江景观带、大桥公园、五马渡公园等

现状建筑拆改情况（保留建筑 拆除建筑）：根据现状建筑质量及规划引导，对基地内厂房进行拆除和保留，《南京市工业遗产保护规划》对其中5处历史建筑，进行保护控制引导。保护更新方式宜采取小规模、渐进式，不得大拆大建。注重工业遗产记忆的保护。

资源与问题 Resources and problems

S_strenghths
1. 厂区工业建筑完好，保留了具有工业特色的老厂房；
2. 良好的社会关系、邻里关系，营造了特有的人际纽带
3. 工业时代的精神，集体主义精神、依旧延续；
4. 基地背靠老虎山，滨临长江，周边景观视野较好。

W_weakness
1. 基地缺乏对外交流，与周边区域严重割裂；
2. 船厂生产对该地块造成了水体、土壤污染等环境问题；
3. 周边生活配套设施目前品质不高，居民生活品质受一定影响。

O_opportunity
1. 南京被列入城市双修试点城市，政府对整个滨江风貌片区包括基地更加重视
2. 基地处于幕燕风光带上，有丰富的自然与人文资源
3. 基地处于区域交汇的节点处，增值潜力大
4. 周边交通系统完善，可达性高

T_threats
1. 如何植入新的城市功能，使工业遗址与城市相协调。
2. 如何保留船厂文化和历史记忆
3. 船厂迁出，对片区造成的经济损失如何填补
4. 退休老员工如何在退休后老有所乐，老有所为。

人群分析 Population analysis

去 年轻职工：多为工作时间不久的年轻员工，跟厂子没有多少感情，少部分愿意跟厂迁走

临时工：如果厂子福利好，可能跟着迁走，但更多的愿意另谋出路

留 中年员工：已组建家庭，变为本地居民不会跟厂迁走，在附近找相关的工作

退休人员：对厂子有深厚感情，不会跟厂迁走，选择留在此地安度晚年或者被子女接去别的地方居住

引 核心人群---退休员工：退休职工在暮年回首时，到基地内看看自己工作了大半辈子的地方，给儿孙讲讲当年的生产盛况，以达到心灵的慰藉。

外围可能人群---附近居民：附近居民饭后余闲到江边散步、钓鱼，或到基地内活动中心，亦或带孩子到基地内玩耍，并适当对其进行一些科普。

兴趣人群---游客：对工业遗产感兴趣的人可到基地参观造船工业流线，了解相关船舶知识。

机会人群----南京市民：南京市民沿滨江步道散步时能一睹金陵船厂的面貌，感受其遗留的工业氛围，也感受老社区的生活氛围。

封闭 / 去留 / 引入 / 共生

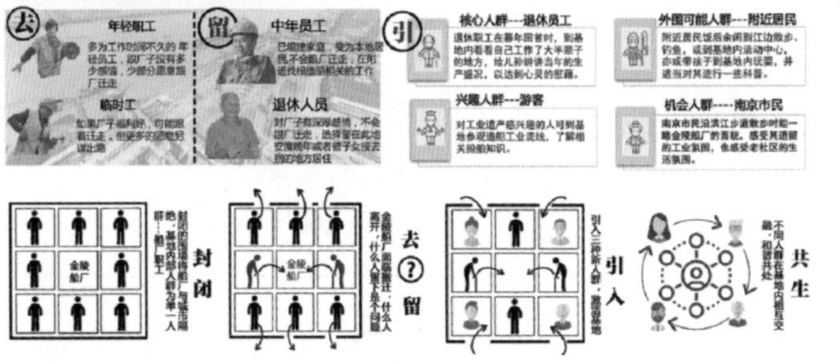

概念提出 Concept

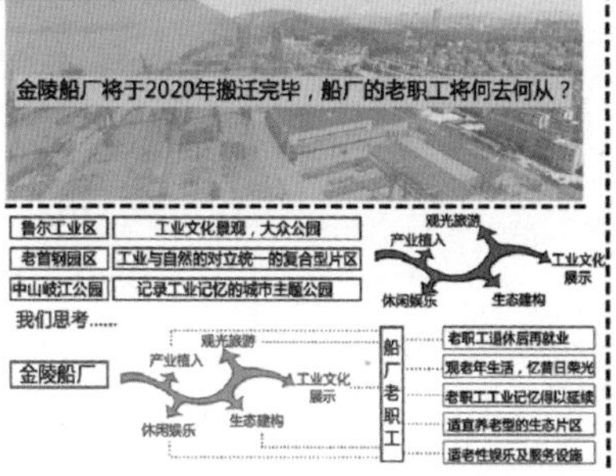

金陵船厂将于2020年搬迁完毕，船厂的老职工将何去何从？

鲁尔工业区	工业文化景观，大众公园
老首钢园区	工业与自然的对立统一的复合型片区
中山岐江公园	记录工业记忆的城市主题公园

产业植入 观光旅游 工业文化展示 生态建构 休闲娱乐

我们思考......

金陵船厂 — 产业植入、观光旅游、工业文化展示、生态建构、休闲娱乐 — 船厂老职工：
- 老职工退休后再就业
- 观老年生活，忆昔日荣光
- 老职工工业记忆得以延续
- 适宜养老型的生态片区
- 适老性娱乐及服务设施

金陵船厂，曾是南京发展史上浓墨重彩的一笔；船厂的老员工们，他们是那个时代的缔造者。

——曾经辉煌，当下失落
——缺乏关注，缺乏关爱
——老弱多病，丧失希望
——交往困难，受骗上当
——延续固有的人际关系
——延续"大企业里的小社会"
——在战斗的地方，慢慢老去......

这是一个造船厂老龄天堂，在这里：
——没有欺诈，没有伤害
——没有贵贱，没有阶层
——老有所养，临终关怀
——在爱的天地里，含笑离去.....

核心人群分析 Main population analysis

老有所求

"失落期"——离职震撼（60-64岁 健康活跃期）
"转型期"——退休一段时间（65-74岁 自理自立期；75-84岁 行为缓慢期）
"临终关怀期"——退休很长时间（85岁以上 照顾关怀期）

特定空间：老年创意中心、心理辅导室、活动娱乐场所、老年大学、老年人才市场、老年人购物中心、康养中心、社区服务基站、冥想室、老年人关怀所、心理辅导中心

老有所乐

戏台、广场、健身广场、棋牌室、健身房、种植农场、社区中心、老年食堂、便捷坡道

需求分析：聊天、社交、餐饮、学习、锻炼、打牌、钓鱼、体验、广场舞、看病、保健、看戏听曲、钓鱼、种菜

交融空间：老年活动中心、生态餐厅、图书室、展览馆、广场、棋牌室、社区服务、戏台、咖啡茶座、运动场地、菜畦、日间照料中心、创意基地、钓鱼台

活动类型：休闲、商业、教育、医疗、展示

老有所为

双向就业

老年就业，完善社区参与机制，发挥老年余热

青年就业，为老年人服务,为基地注入活力

退休职工 — 展览馆、商场、社区、服务基站、创意基地、保健院 — 青年

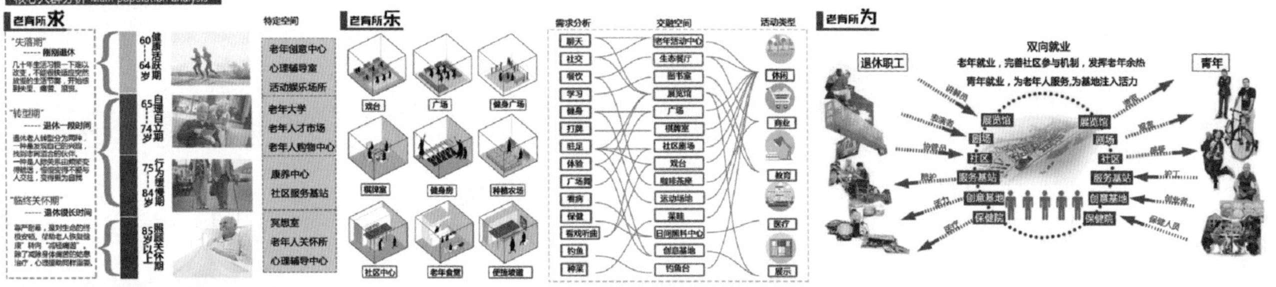

规划定位与设计理念 Positioning and concept

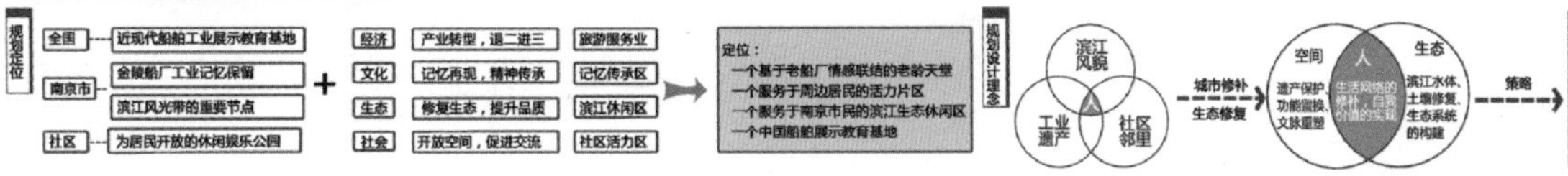

规划定位

全国	近现代船舶工业展示教育基地
南京市	金陵船厂工业记忆保留
南京市	滨江风光带的重要节点
社区	为居民开放的休闲娱乐公园

+

经济	产业转型，退二进三	旅游服务业
文化	记忆再现，精神传承	记忆传承区
生态	修复生态，提升品质	滨江休闲区
社会	开放空间，促进交流	社区活力区

定位：
一个基于老船厂情感联结的老龄天堂
一个服务于周边居民的活力片区
一个服务于南京市民的滨江生态休闲区
一个中国船舶展示教育基地

规划设计理念

滨江风貌、工业遗产、社区邻里、人

城市修补 生态修复

空间：遗产保护、功能置换、文脉重塑；人：生活网络的修补，自我价值的实现；生态：滨江水体、土壤修复、生态系统的构建

策略

人：重新诠释那个年代的时代精神，工业精神，人际关系聚集退休老职的生活，使其老有所乐

空间：①老建筑保护，在内部做空间划分 ②老+新建筑：保留框架，增体度间做变化 ③新建筑：仿照老建筑形态，采用现代材料

生态：①优化滨水区域的形态和生境 ②创建通向水岸的新连接 ③建立慢行系统串联水岸空间

佳作奖

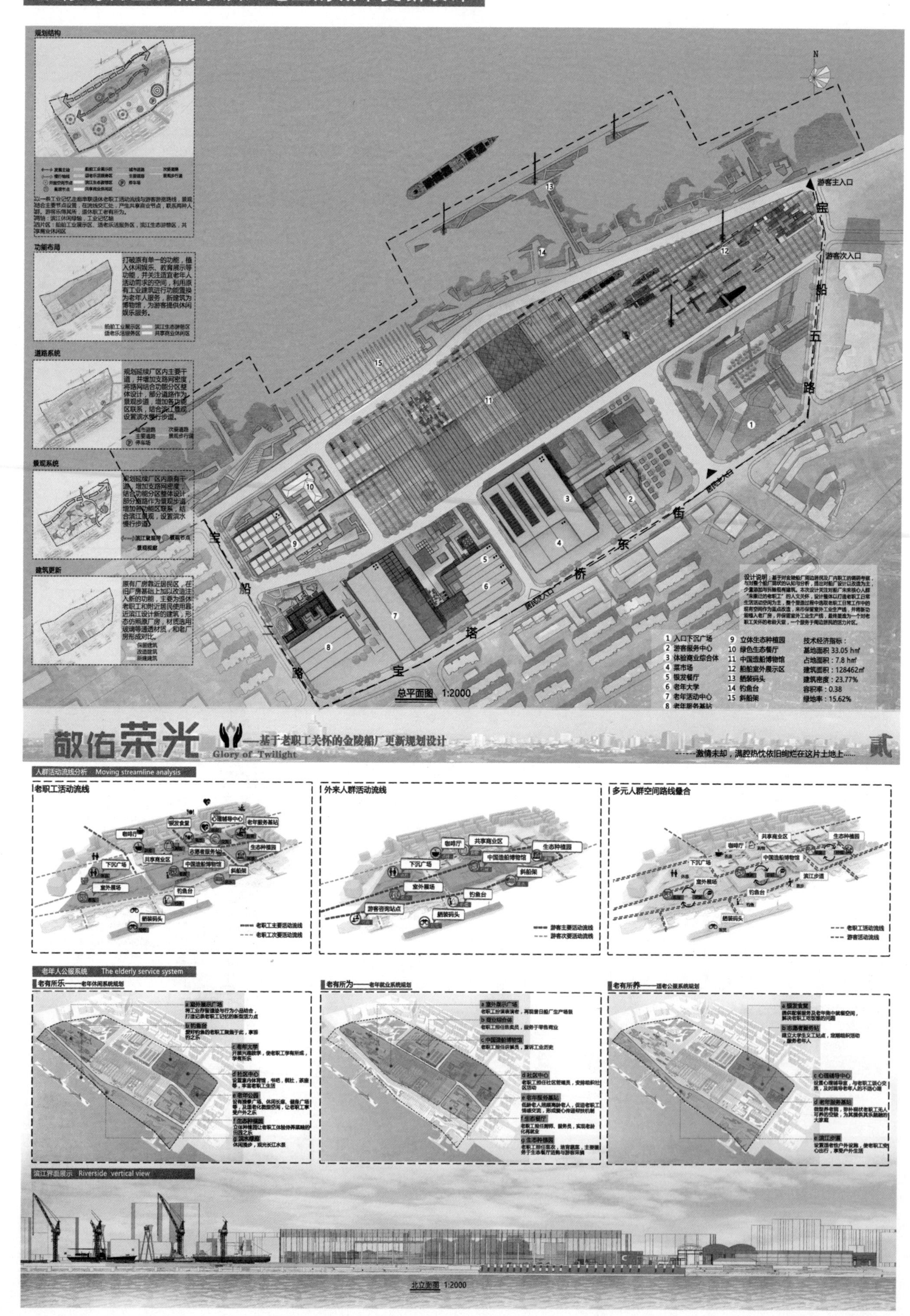
规划结构
以一条工业记忆走廊串联退休老职工活动流线与游客游览路线，景观结合主要节点设置，在流线交汇处，产生共享商业节点，联系两种人群。游客乐得其所，退休职工老有所为。
两轴：滨江休闲绿轴，工业记忆轴
四片区：船舶工业展示区、适老乐活服务区，滨江生态游憩区，共享商业休闲区
功能布局
打破原有单一的功能，植入休闲娱乐、教育展示等功能，并关注适宜老年人活动需求的空间，利用原有工业建筑进行功能置换为老年人服务，新建筑为博物馆，为游客提供休闲娱乐服务。
船舶工业展示区
滨江生态游憩区
适老乐活服务区
共享商业休闲区
道路系统
规划延续厂区内主要干道，并增加支路网密度，将路网结合功能分区整体设计，部分道路作为景观步道，增加各功能区联系，结合滨江景观，设置滨水慢行步道。
城市道路
次要道路
主要道路
景观步行道
停车场
景观系统
规划延续厂区内原有干道，增加支路网密度，结合功能分区整体设计，部分道路作为景观步道，增加各功能区联系，结合滨江景观，设置滨水慢行步道。
滨江景观带
景观节点
景观视廊
建筑更新
原有厂房靠近居民区，在旧厂房基础上加以改造注入新的功能，主要为退休老职工和附近居民使用靠近滨江设计新的建筑，形态仿照原厂房，材质选用玻璃等通透材质，和老厂房形成对比。
保留建筑
改造建筑
新建建筑
游客主入口
游客次入口
宝船五路
宝塔桥东街
宝船二路
居民主入口
居民次入口
N
1 入口下沉广场
2 游客服务中心
3 体验商业综合体
4 菜市场
5 银发餐厅
6 老年大学
7 老年活动中心
8 老年服务基站
9 立体生态种植园
10 绿色生态餐厅
11 中国造船博物馆
12 船舶室外展示区
13 舾装码头
14 钓鱼台
15 斜船架
技术经济指标：
基地面积 33.05 hm²
占地面积：7.8 hm²
建筑面积：128462m²
建筑密度：23.77%
容积率：0.38
绿地率：15.62%
总平面图 1:2000
敬佑荣光
—基于老职工关怀的金陵船厂更新规划设计
Glory of Twilight
------激情未却，满腔热忱依旧绚烂在这片土地上……
贰
人群活动流线分析 Moving streamline analysis
老职工活动流线
外来人群活动流线
多元人群空间路线叠合
咖啡厅
共享商业区
中国造船博物馆
生态种植园
下沉广场
室外展场
钓鱼台
斜船架
舾装码头
游客咨询站点
银发食堂
老年服务基站
滨江步道
老职工主要活动流线
老职工次要活动流线
游客主要活动流线
游客次要活动流线
老职工活动流线
游客活动流线
老年人公服系统 The elderly service system
老有所乐——老年休闲系统规划
老有所为——老年就业系统规划
老有所养——适老公服系统规划
滨江界面展示 Riverside vertical view
北立面图 1:2000

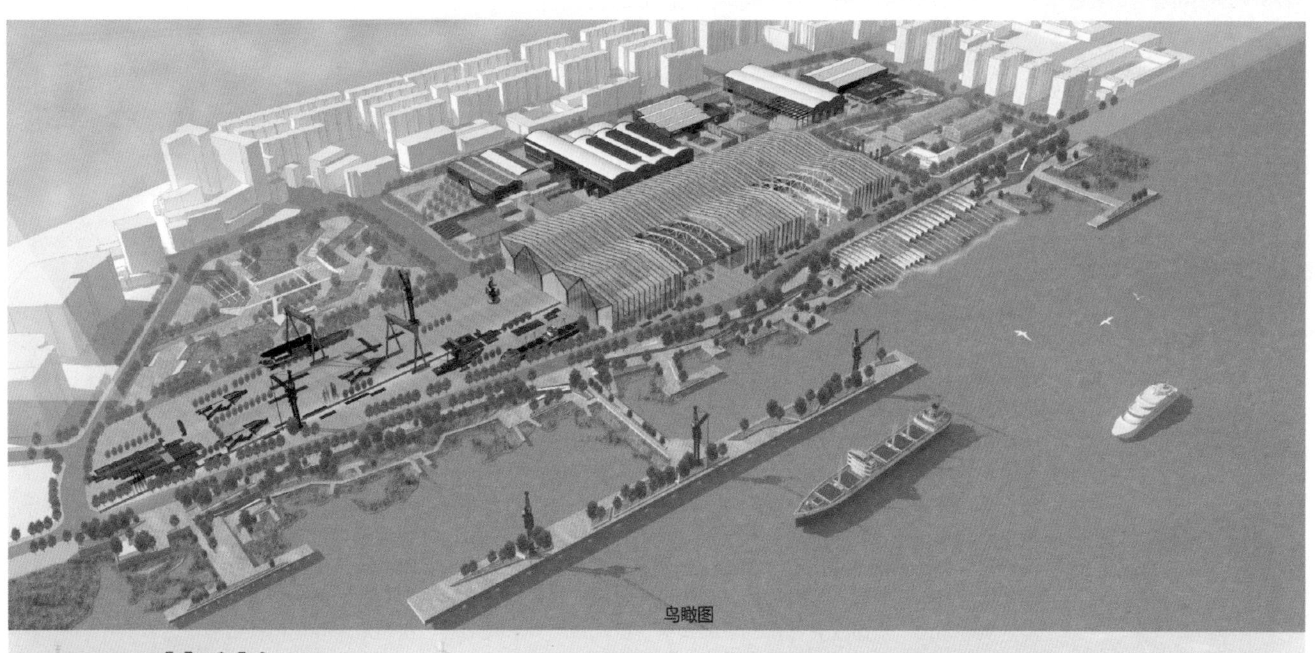
鸟瞰图

敬佑荣光
——基于老职工关怀的金陵船厂更新规划设计
Glory of Twilight
------让曾经辉煌的缔造者在温暖中走向远方......
叁
空间节点效果图 design sketch
规划导则 planning guidelines
规划设计导则
厂房改造导则
景观营造导则
立面改造导则
保留
增补
穿插
嵌入
挖去
联结
分层过渡
滞留水土
生境营造
软化岸线
观景空间
亲水空间
垂钓空间
科普空间

织补江山，延续绿脉——基于Linkage理论的港一公司码头地块城市设计

指导教师

翟辉

车震宇

唐翀

时空之间·整体之法

本次参加“西部之光”的经历对我们小组来说很宝贵，我们选取了港一公司码头地段进行设计，完成的作品成果，现将其解析如下。我们的研究思路为：现状调研并发现现状问题——资料整理与文献阅读补充理解——推敲竞赛主题并针对问题提出解决策略——方案设计与图纸表达。在现状调研阶段，我们发现的问题有：①活动场所很少，缺乏交流与休憩空间。②娱乐与康体设施缺乏相应的配套。③绿道存在尽端路，慢行系统不连续。④龙门吊及周边护栏存在一定的安全的隐患。⑤基地的历史文化、人文特色没有被充分挖掘及呈现，人文自信不够突出。⑥场地的覆土较薄，滨水景观有待进一步打造，整体环境有待提高。在资料整理阶段，我们对场地新的理解有：①从城市控规层面入手，明确港一公司码头地段的“绿地”定位，并强化与整个城市绿地系统的联系。②修补城市功能的短板，增强其休闲娱乐和旅游度假的功能。在推敲竞赛主题并提出解决策略阶段，根据“城市双修”及城市设计的经典理论“联系理论”与“场所理论”，提出的解决策略有：①编织联系，疏通脉络：即建立与城市阳台形成对话关系，将人流引入港一地块；利用山体建筑和绿道与幕府山直接联系，疏通场地内部脉络；打造铁北片区大公园系统，规划系统绿道，盘活整体。②修缮绿网，重塑“江山”：整体构想是通过要素整合来增强联系、修复敏感，系统性的绿网有利于城市海绵性的形成、城市承载能力的提高等。③植入功能，激发活力：拆除没有保留价值的建筑，植入相应需求的功能，塑造港一公司码头山体建筑、城市阳台地标建筑、矿坑观景台等重要标志，营造场所，为场地增添人气。在方案设计与图纸表达阶段，根据大量的前期分析，场地设计了植物乐园、儿童乐园、老年休闲、文化设施、塔吊遗址、工业展览等十个功能区；力图打造一个舒适的慢行系统，以自行车道联系幕燕山、场地与长江。总体而言，本次设计对我们成员的专业能力的提升、沟通协作能力的提升均有较大帮助。

佳作奖

参赛学生

肖先柳

本次“西部之光”的经历收获了一种感动，也收获了一份“思想”，也想表达一份感恩。在这个过程中，大家有思辨，也有认同；有个人才能，也有集体智慧；有疲惫不堪，也有坚持到底！而在设计中给予我们最大帮助的是自己的指导老师，老师循循善诱地让我们学会了用“整体性”的思维来解决局部的矛盾。“让‘港一公司码头’地块真正融入城市的整体发展，才能让地块‘活’起来”。最后这份感谢要给予我们的指导老师还有队友，是老师的思想启迪和大家的通力协作，才有了我们的那份收获。

宋兰萍

初次参加“西部之光”竞赛，从小组成员实地调研，到讨论研究斟酌方案和具体设计，以及图纸绘制都具备不同程度的挑战和困难，也获得了巨大的收获：本次设计理念是“城市双修”，在导师指导下运用 Linkage 理论作为本次设计的核心理论，并从大区域宏观角度分析方案地块，最后落实到方案设计，小组成员的齐心协力是完成本次设计的基础，同时我认识到做城市设计必须从宏观区域角度思考问题的必要性。很感恩这次参赛机会、导师的耐心指导和伙伴们默契的配合，让我们在最后圆满结束并收获惊喜！

朱建成

参加这次竞赛的初衷就是想培养思维，锻炼自己设计方案的能力。这次设计的关键词是“城市双修”，在调研、讨论方案和设计制图的过程中，我们通过学习国内外优秀案例以及查阅“城市双修”的相关论文，不仅理解了“城市双修”内涵，而且还学会了多思维、多角度的思考问题。同时，与小组成员相互协作并努力地完成一个竞赛，是一次值得回味的经历。

最后非常感谢导师对本次设计提供的宝贵建议，既让我们认识到自己设计思维的局限性，又对整个设计的完善起到至关重要的作用。

程露

很感恩参加了本次的“西部之光”竞赛，回首那段斟酌方案、推敲设计、克服困难的日子，仿佛还在昨天。本次设计的理念是“城市双修”，在老师的指导下，我们采用城市设计的经典理论——联系理论作为设计的指导思想，小组成员发挥各自的特长，在设计阶段齐心协力出想法，在表现阶段发挥各自使用不同制图软件的优势，共同努力。开心的是天道酬勤，小伙伴们的努力得到了回报，感恩这次的竞赛，让我们共同成长。

谈昭夷

参加这次“西部之光”竞赛让我收获很多。从一开始调研时拖着极度劳累的双腿却还带着的兴奋劲，到构思方案大家绞尽脑汁，争论不休，甚至一度停滞的进度，到最后大家一起齐心协力，完成作品。这整个过程，就像我们开着船乘风破浪，来到"港一码头"，最终在这里收获头脑风暴的专业技能，收获了深厚的友谊和团队工作的经验。最后，也感谢我们的指导老师尽心的帮助以及给予我们的正确方向！

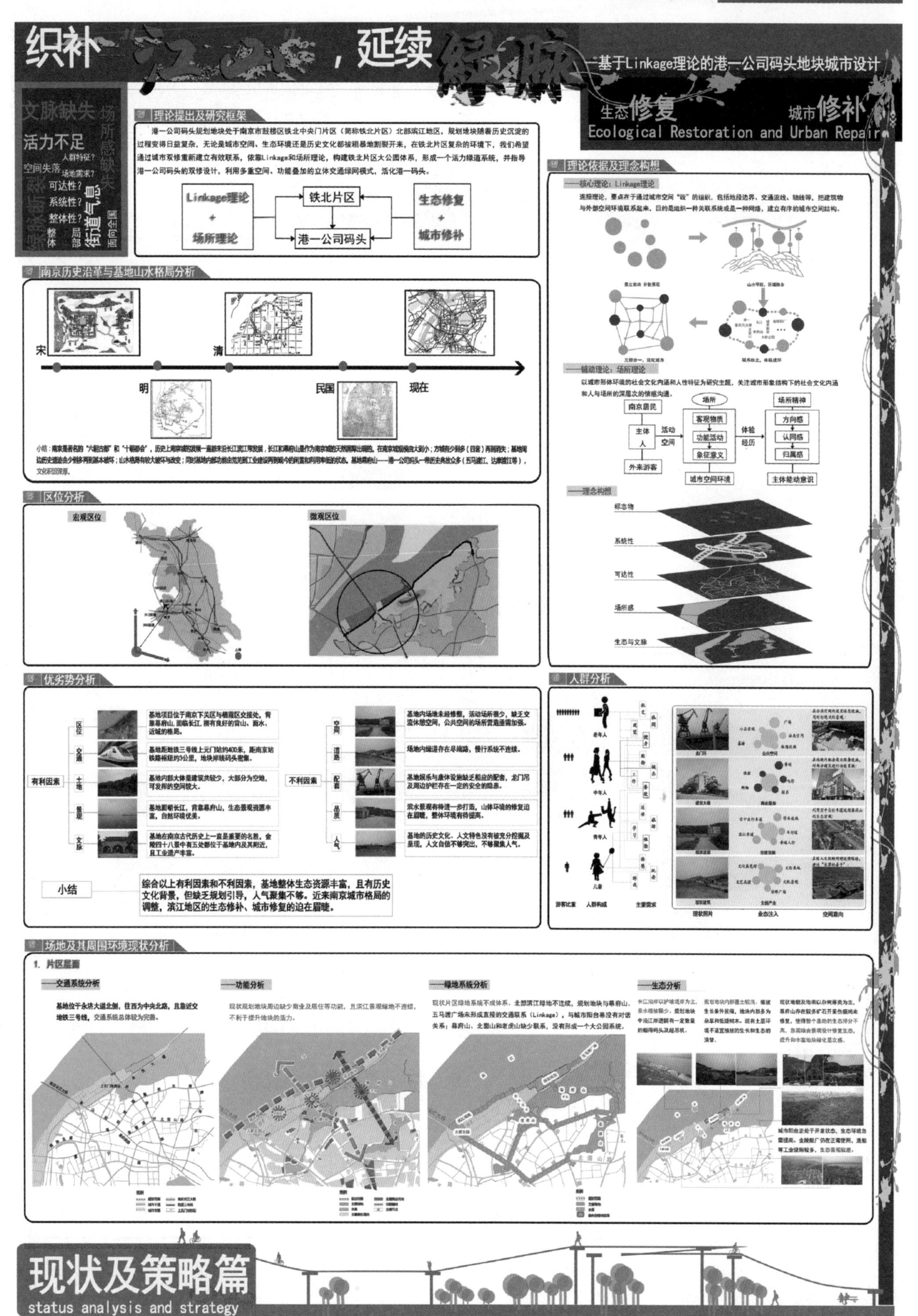
织补江山脉，延续绿脉
——基于Linkage理论的港一公司码头地块城市设计
生态修复 城市修补
Ecological Restoration and Urban Repair
理论提出及研究框架
港一公司码头规划地块处于南京市鼓楼区铁北中门片区（简称铁北片区）北部滨江地区，规划地块随着历史沉淀的过程变得日益复杂，无论是城市空间、生态环境还是历史文化都被粗暴地割裂开来，在铁北片区复杂的环境下，我们希望通过城市双修重新建立有效联系，依靠Linkage和场所理论，构建铁北片区大公园体系，形成一个活力绿道系统，并指导港一公司码头的双修设计，利用多重空间、功能叠加的立体交通绿网模式，活化港一码头。
Linkage理论 + 场所理论
铁北片区
港一公司码头
生态修复 + 城市修补
南京历史沿革与基地山水格局分析
宋 明 清 民国 现在
区位分析
宏观区位
微观区位
优劣势分析
有利因素
不利因素
小结
综合以上有利因素和不利因素，基地整体生态资源丰富，且有历史文化背景，但缺乏规划引导，人气聚集不够。近来南京城市格局的调整，滨江地区的生态修补、城市修复的迫在眉睫。
理论依据及理念构想
核心理论：Linkage理论
辅助理论：场所理论
南京居民 主体人 外来游客 活动空间 场所 客观物质 功能活动 象征意义 体验经历 城市空间环境 场所精神 方向感 认同感 归属感 主体能动意识
理念构想
标志物 系统性 可达性 场所感 生态与文脉
人群分析
老年人 中年人 青年人 儿童
场地及其周围环境现状分析
1. 片区层面
交通系统分析
基地位于永济大道北侧，往西为中央北路，且靠近交地铁三号线，交通系统总体较为完善。
功能分析
绿地系统分析
生态分析
现状及策略篇
status analysis and strategy

佳作奖

织补江山，延续绿脉

——基于Linkage理论的港一公司码头地块城市设计

生态修复 城市修补

Ecological Restoration and Urban Repair

场地及其周围环境现状分析

2. 场地内部

——功能分析

港一地块现状多为未利用用地，功能单一，缺乏连续性，且与周边基地联系较弱，不能形成一个充满活力的幕燕滨江带。

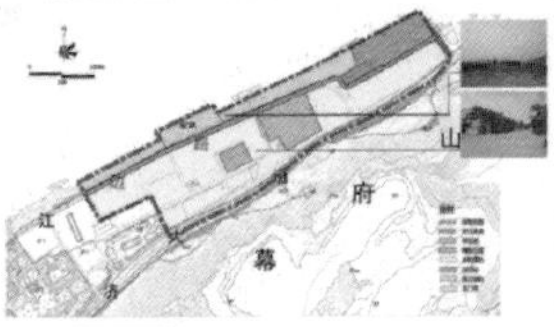

——交通系统分析

港一地块主要通过地块北侧慢行道与南侧机动车道与其他地块联系交通，但缺乏与幕府山和滨江带之间的联系，整体性较弱，交通连续性不强。

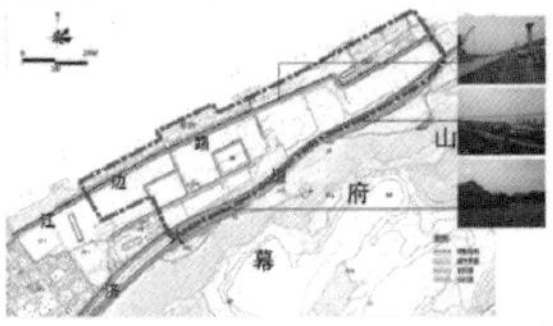

——生态分析

港一地块多为硬质地面，植被覆土较少，生态基础薄弱，生态修复尤为急需。

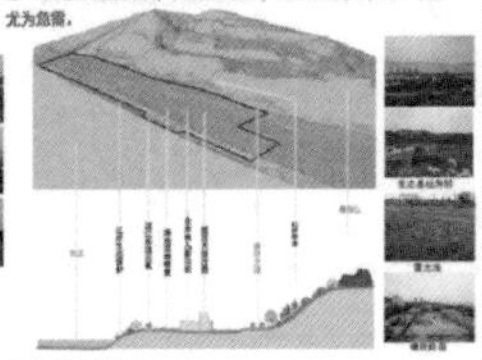

——地形分析

港一地块内部地势平坦，地块东部有少量地势起伏，地块与幕府山联系薄弱，山水格局的布局形式几乎被破坏。

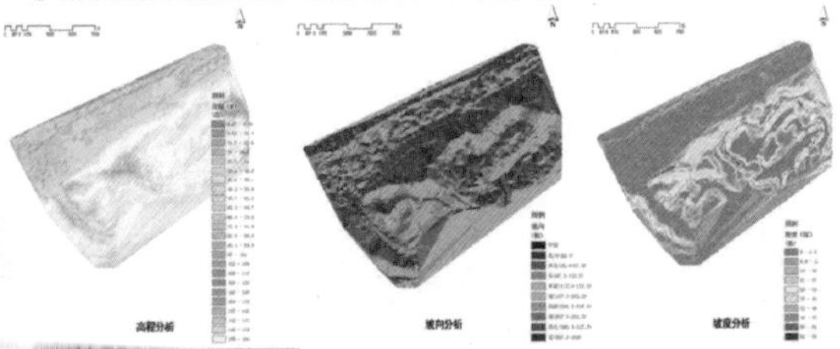

高程分析　坡向分析　坡度分析

——肌理分析

港一地块道路肌理明显场地活力明显缺失。

自2005年到2017年，港一地块建筑肌理变化极大。原有工业建筑悉数拆迁，现仅存提货大楼、仓库和青奥会期间修建的步行道，地块内部活力严重缺失。

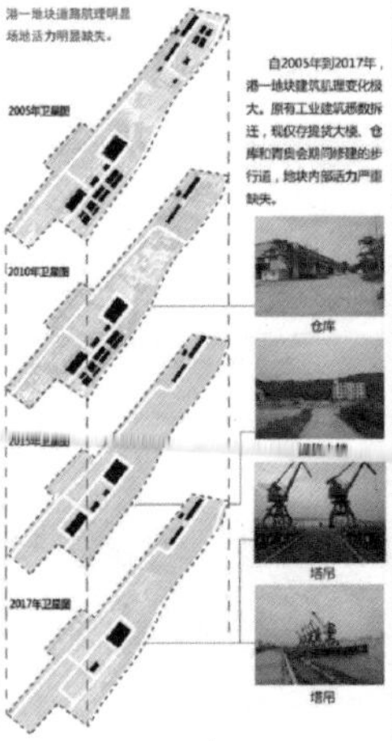

2005年卫星图　2010年卫星图　2015年卫星图　2017年卫星图

仓库　塔吊　塔吊

——城市意象五要素及场所活力分析

港一地块内部功能单一，特征可识别性弱；临江与临山界面不连续，场所感缺失；且地块内部缺乏趣味性，活力不足。

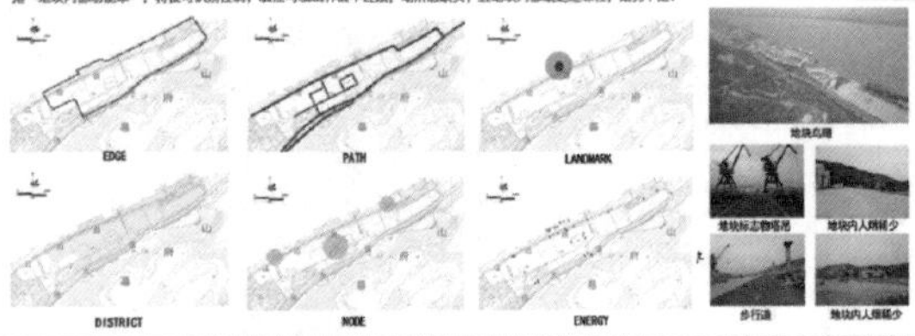

EDGE　PATH　LANDMARK　DISTRICT　NODE　ENERGY

地块鸟瞰　步行道　地块内人烟稀少

上位规划分析及研究

本次设计选取的是港一地块，在控规中，该规划地块用地性质为“公园绿地”、“综合公园”。

——上位规划中各功能区块与规划地块之间的联系

周边人气 ★★★★　规划地块 人气 ★★

商业及文化功能地块：

该功能区靠近长江一侧，距离规划地块较远，预计未来人气较高。

商业区　与商业区距离较远

居住功能地块：

该功能区集中在老城区一侧，主要顺地铁线和火车沿线发展。

居住　交通干线　居住区　与居住区联系不强

绿地功能地块：

该功能区主要集中在滨江地区和自然山体地区。本次的设计地块现状较为萧条、部分已硬化，与其他地块的联系需加强。

绿地　与绿地未连成体

控规用地规划：

功能复合　相对而言功能单一

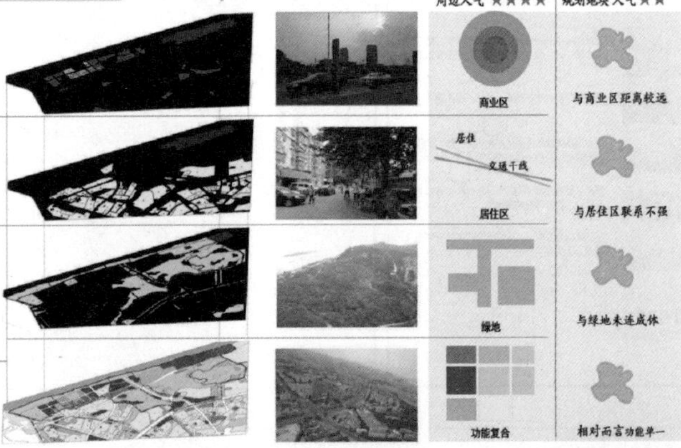

——肌理及场所活力分析

1. 生态联系：设计地块在控规中的用地性质为绿地，但实际中缺乏与周边生态的联系。
2. 人气聚集：设计地块距离中心城区或者居住区较远，目前人气不旺。
3. 功能复合：设计地块应为南京市民提供休闲场所，并满足人的使用需求。

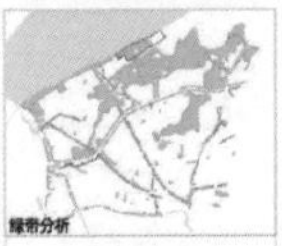

绿带分析 　路网分析

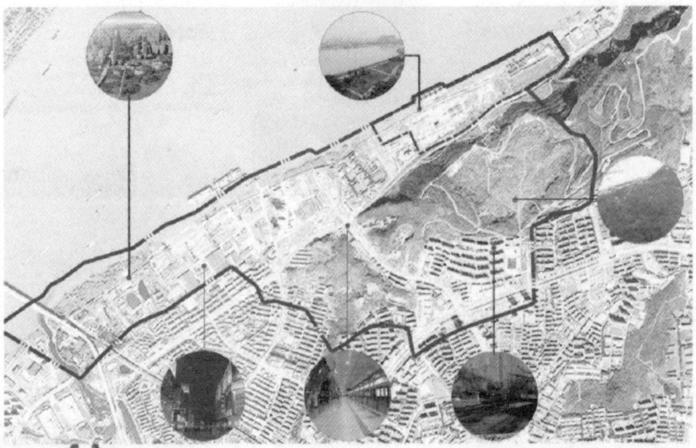

策略研究

——策略一　编织联系，疏通脉络

总体路径　联系片区——疏通脉络——盘活整体

铁北片区技术路径　与城市阳台形成对话关系，将人流引入港一地块；利用山体建筑和绿道与幕府山直接联系，疏通场地内部脉络；打造铁北片区大公园系统，规划系统绿道，盘活整体。

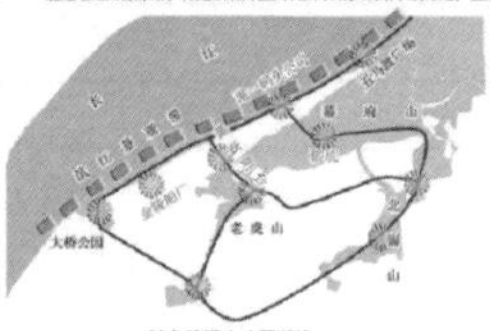

铁北片区大公园系统 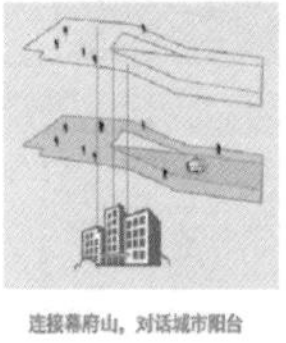　连接幕府山，对话城市阳台

规划地块技术路径　利用绿道和修复的山体将幕府山、现有仓库建筑、山体建筑和港一内部公共空间连成一体，疏通脉络关系，建立山水格局，串联“山、园、水”，活化整个港一地块。

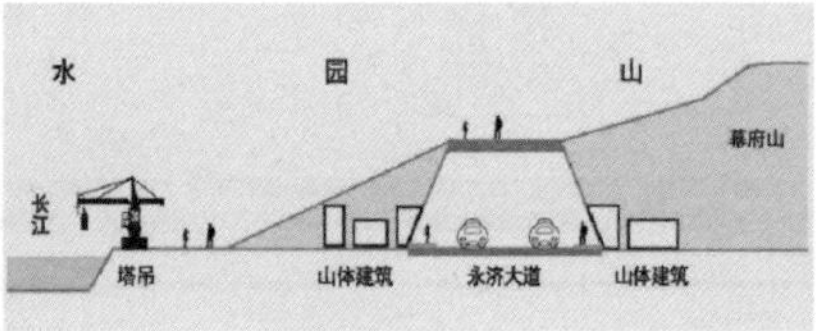

水　园　山　幕府山　长江　塔吊　山体建筑　永济大道　山体建筑

——策略二　修缮绿网，重塑“江山”

总体路径　完善绿网修复——修复生态——重塑“江山”

生态诊断——生态分析——生态工程

技术路径　整体与局部两个层面　生态技术

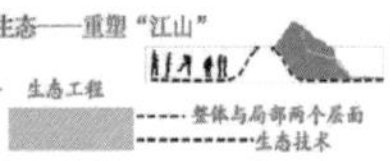

方案构想与措施

人力资本（人的素质的提升）—设计空间—游线

地景建筑的教育功能　矿坑的教育功能　仓库改造植入教育功能

提升生态环境质量—生态工程

——整体构想：要素整合、增强联系、修复敏感

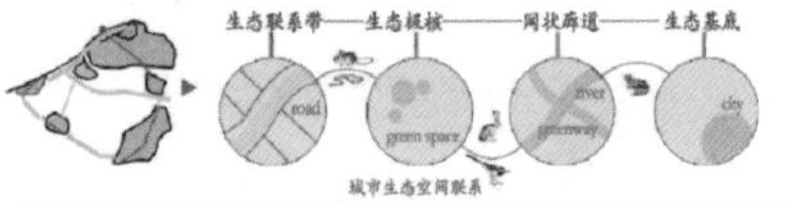

生态联系带——生态枢纽——网状廊道——生态基底

road　green space　river　greenway　city

城市生态空间联系

铁北片区绿地系统构想

策略优势：整体修复，系统性的绿网有利于动物等迁徙；有利于城市海绵性的形成；有利于城市承载能力的提高等。

南京幕燕滨江风貌区主要由河漫滩平原、岗地、低地、平地组成。

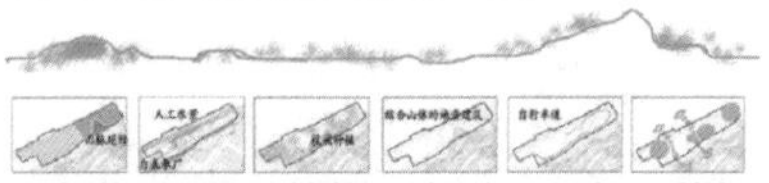

step1：对土层基地进行覆土处理，在地块东边重点修复生态。

step2：就近利用南侧自来水厂引水，在场地内营造亲水空间。

step3：在地块内部种植大量植被，提高绿地率。

step4：部分地景建筑的外墙面和屋顶上布置绿化。

step5：提倡绿色生态出行，设计自行车道联系铁地与滨江其他地块。

step6：营造幕府山与长江之间的生态廊道，让城市提供更好的生态服务。

——策略三　植入功能，激发活力

总体路径　修补原有建筑——植入新的功能——突出节点意向——激发场地内部活力

铁北片区技术路径　拆除没有保留价值的建筑，植入相应需求的功能，塑造港一公司码头山体建筑、城市阳台地标建筑、矿坑观景台等重要标志，营造场所，为场地增添人气。

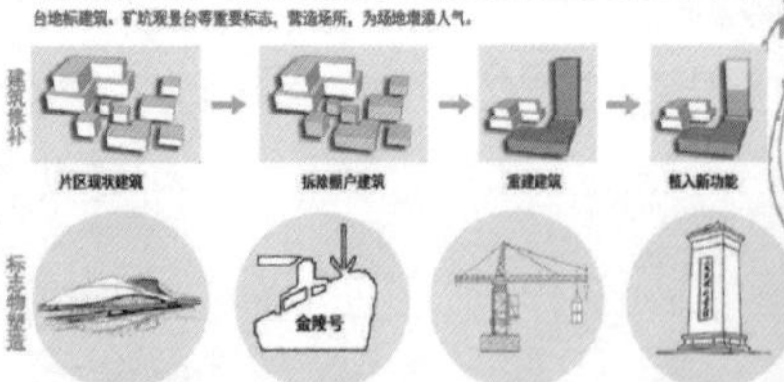

建筑修补：片区现状建筑　拆除棚户建筑　重建建筑　植入新功能

标志物塑造：港一新建山体建筑　金陵船厂构筑物　港一滨江塔吊　纪念碑

规划地块技术路径　保留并修缮现有仓库建筑，利用山体形态延伸至港一公司码头，形成山体建筑，植入商业等新功能；重点塑造滨江遗存的四座塔吊，使其成为该地区的标志。

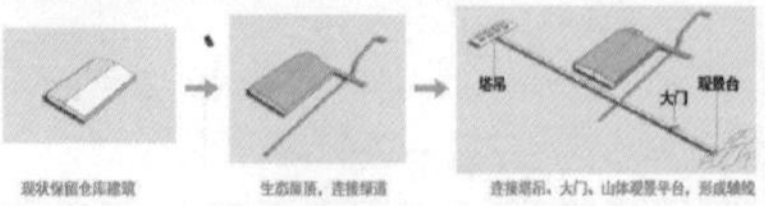

现状保留仓库建筑　生态屋顶，连接绿道　连接塔吊、大门、山体观景平台，形成轴线

塔吊　大门　观景台

现状及策略篇

status analysis and strategy

佳作奖

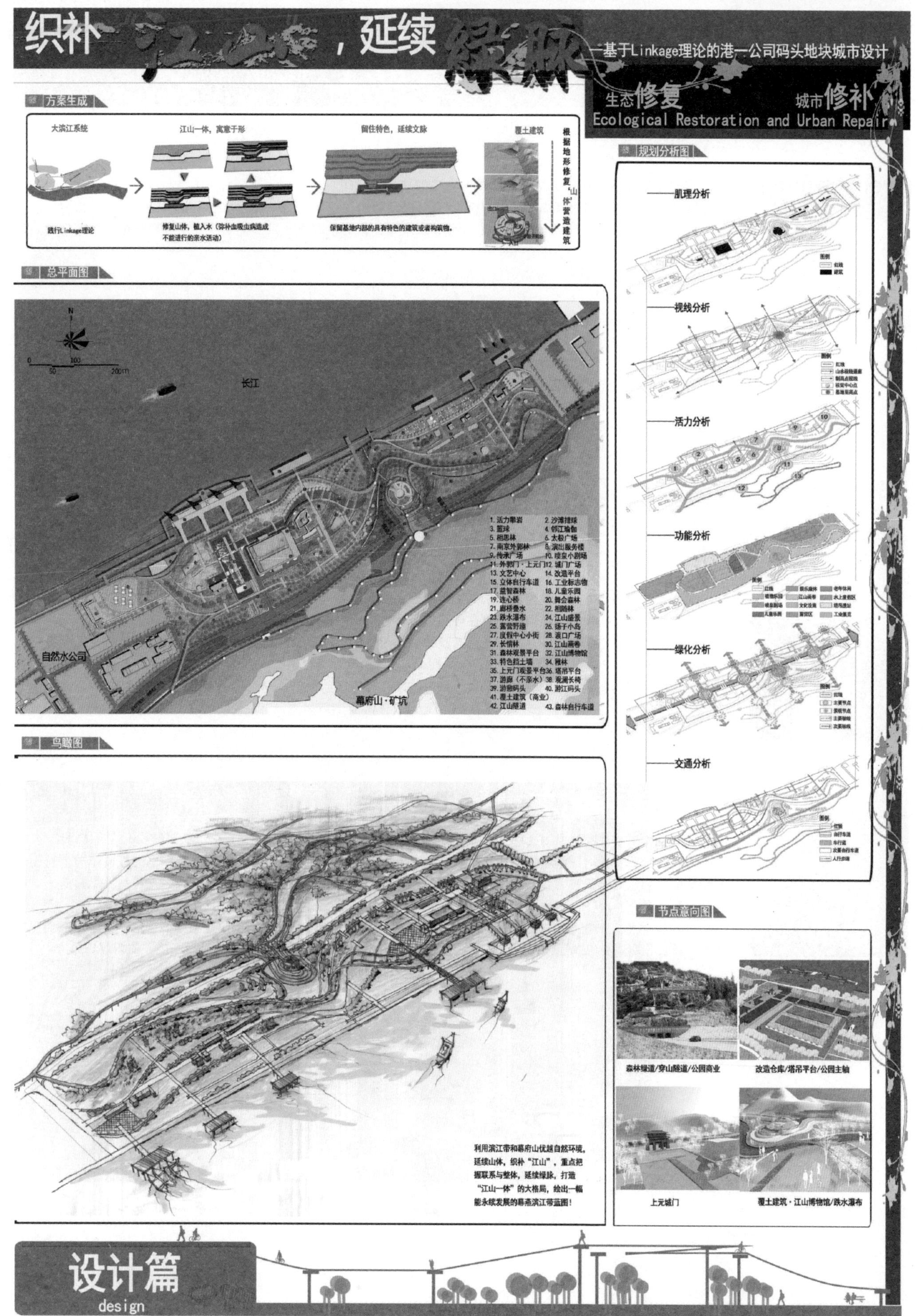
织补江山，延续绿脉
——基于Linkage理论的港一公司码头地块城市设计
生态修复 城市修补
Ecological Restoration and Urban Repair
方案生成
大滨江系统
践行Linkage理论
江山一体，寓意于形
修复山体，植入水（弥补由吸虫病造成不能进行的亲水活动）
留住特色，延续文脉
保留基地内部的具有特色的建筑或者构筑物。
覆土建筑
根据地形修复"山体"营造建筑
总平面图
长江
自然水公司
幕府山·矿坑
1. 活力攀岩
2. 沙滩排球
3. 篮球
4. 邻江瑜伽
5. 相思林
6. 太极广场
7. 南京外郭林
8. 演出服务楼
9. 传承广场
10. 喷泉小剧场
11. 外郭门·上元门
12. 城门广场
13. 文艺中心
14. 改造平台
15. 立体自行车道
16. 工业标志物
17. 益智森林
18. 儿童乐园
19. 连心桥
20. 舞会森林
21. 廊桥叠水
22. 相随林
23. 跌水瀑布
24. 江山盛景
25. 露营野趣
26. 扬子小岛
27. 度假中心小街
28. 渡口广场
29. 长情林
30. 江山画卷
31. 森林观景平台
32. 江山博物馆
33. 特色挡土墙
34. 稚林
35. 上元门观景平台
36. 塔吊平台
37. 游廊（不亲水）
38. 观澜长椅
39. 游憩码头
40. 游江码头
41. 覆土建筑（商业）
42. 江山隧道
43. 森林自行车道
规划分析图
肌理分析
视线分析
活力分析
功能分析
绿化分析
交通分析
鸟瞰图
利用滨江带和幕府山优越自然环境，延续山体，织补"江山"，重点把握联系与整体，延续绿脉，打造"江山一体"的大格局，绘出一幅能永续发展的幕燕滨江带蓝图！
节点意向图
森林绿道/穿山隧道/公园商业
改造仓库/塔吊平台/公园主轴
上元城门
覆土建筑·江山博物馆/跌水瀑布
设计篇
design

设计结合自然演变过程

生命共同体
Live & Better Living & Let Live
基于生态伦理学的全生命周期生态修复和区域更新

指导教师

闫水玉

自修复的生之所

幕府山毗邻的鼓楼片区是以第三产业为主的高产出空间利用类型；基于片区人多地少效益高的社会背景；在修复破损生态、延续场地文脉的前提下，充分调动幕府山空间资源；完善社会配套服务设施，并引导开展文化、科普、旅游等社会活动是幕府山矿区区域改造和更新的思路之一。如何重塑城市生态脉络，使幕府山滨江景观资源活化？

如何产业转型，对空间资源进行挖掘和整合利用？

如何完善公共设施配套，提升幕府山矿坑的社会属性？

"绿水青山就是金山银山"，山水林田湖是一个生命共同体——促使我们从自然演替为主、人工诱导为辅的可持续发展模式中探寻新型人地关系；"环境利益和人类权利利益的协调是为道德行为准则"——生态伦理学鞭策着我们以自然生态为价值尺度，实现人类活动和自然过程的和谐共生。

在此基础上，我们构建起幕府山矿坑生态系统的基本骨架：

实现以现有的地形、山体为依托，排除场地潜在安全风险；模仿自然群落演替的生态系统重构；通过雨水管理再现全生命周期的水循环与水净化；

在生态容量的范围内，我们为场地植入合理功能活动：

实现以拓展、认知生态过程为核心，根据不同目标人群需求，营造不同主题空间。提升改造，打造成体验观赏式生态教育科普基地。

参赛学生

佳作奖

郗凯玥

这次参加"西部之光"竞赛的经历是对我前三年学习的整体回顾；将不同阶段学习到的方法综合运用在这次的设计实践中。从前期提取基地中隐藏在自然中等待发现的讯息，到寻找理论支持来辅佐方案、生成思路；再到设计中在交通和设施配套等设计细节方面收获了进一步认知，以及最终设计表达的逻辑训练。让我真正亲身经历了一次科学严谨但又充满人情味的规划设计过程。

非常感谢指导老师对我们想法的鼓励，并在技术方面给予的支持。同时也感激我的队友于炎炎夏日和我一起完成这份"功课"，这次竞赛令我们收获颇丰。最后，还要感谢评委老师对我们的肯定，这无疑是对我们学习最大的鼓励。

陈星宇

能够获奖对于最初只是抱着想试着做一做的我们来说确实是非常大的惊喜。这不仅是对我们这个作品的肯定，也是对我们今后发展的鼓励。要感谢我的队友一直以来的不懈努力，从开始调研到完成图纸的过程中总能有精彩的想法使我们的方案更加完善。同时感谢我们的指导老师，是他帮助我们将天马行空的想法与现实结合起来，最后落实到方案上，为我们提供了理论的支持。

这次竞赛是一个很好的学习机会，其他院校同学们的作品让我们认识到自己还有很多不足，未来还需要更加努力。通过这次竞赛也加强了我们对城市生态空间的认识和理解，让我们对城市更新有了更多的认识与思考。

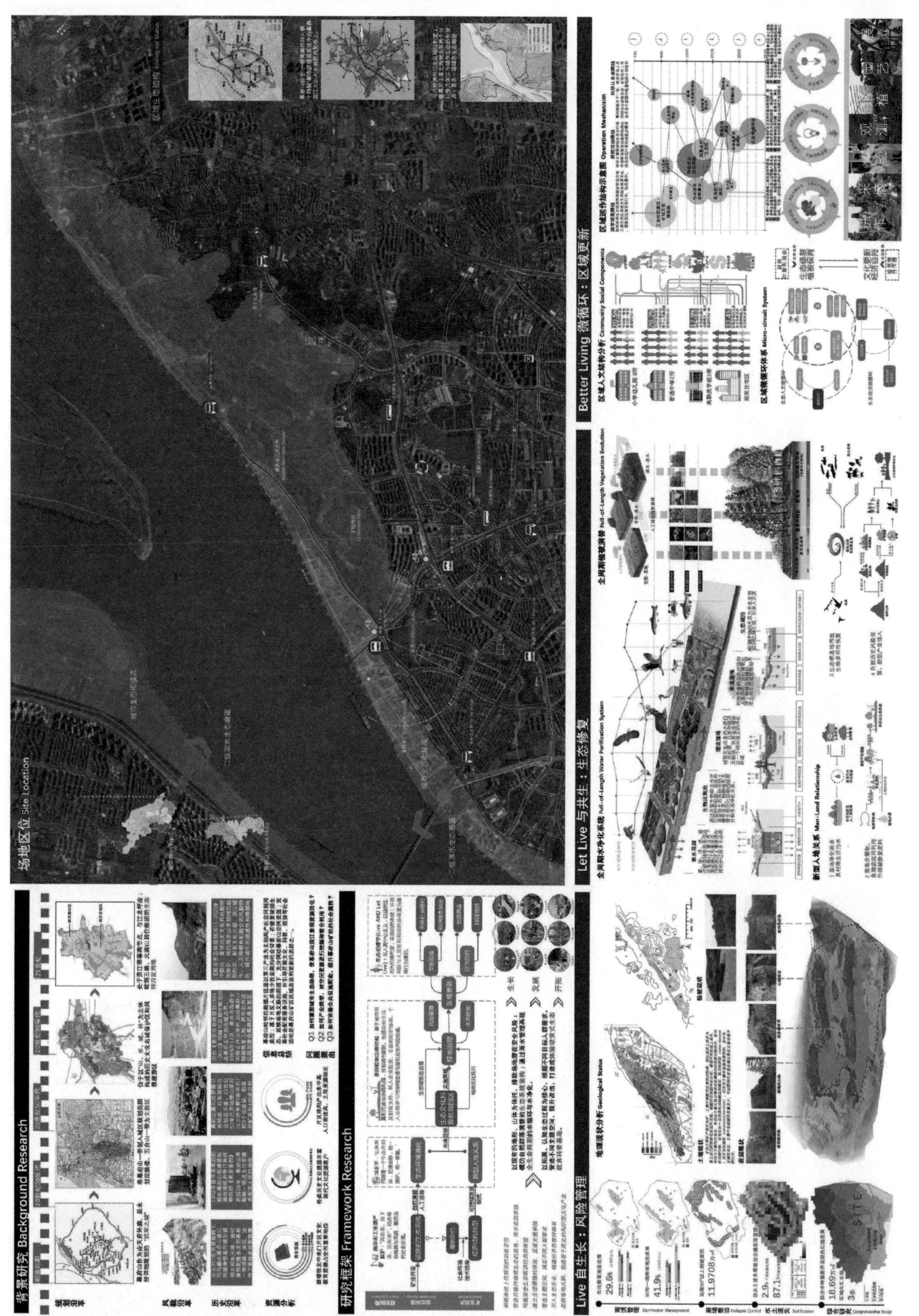
背景研究 Background Research
研究框架 Framework Research
场地区位 Site Location
Live 自生长：风险管理
Let Live 与共生：生态修复
Better Living 微循环：区域更新

佳作奖

生命共同体

Live & Better Living & Let Live [2]

基于生态伦理学的全生命周期生态修复和区域更新

设计结合自然演变过程

GIS综合洼地汇水范围

GIS综合固土保土范围

GIS综合适宜建设范围

图例 Legend

总平面图 1：2000

太阳辐射 SUN RADIATION

初级生产者 PRIMARY PRODUCER

消费者 CONSUMERS

分解者 DECOMPOSERS

生态修复系统 Ecological Rehabilitation

生态防洪净水湖

① 生态雨水花园

② 生态鱼塘

③ 生态厌氧分解池

④ 生态湿地系统

⑤ 生态净水湖泊

⑥ 旅游活动基地

⑦ 农耕体验

⑧ 环境监测

生命共同体-物质循环反馈机制

设计分析 Design Analysis

功能分区

流线节点

服务设施系统

景观视线

灯光设计

生态雨洪净化系统 Precipitation Management

A/地表径流管理

B/水体富营养化对策

C/水净化与生态植被修复

全周期水位分析 Water Level Analysis

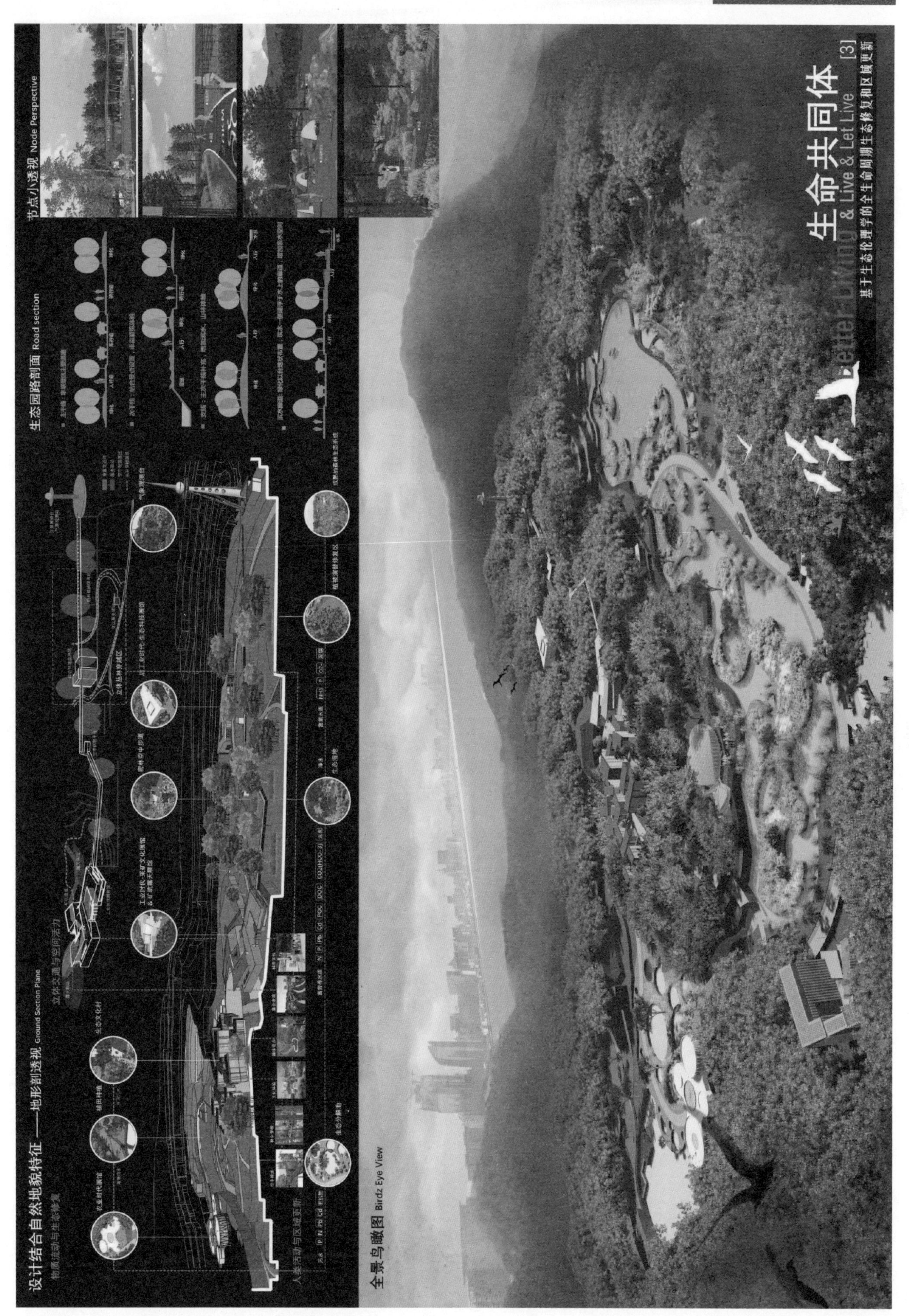
生命共同体
Better Living & Live & Let Live
[3]
基于生态伦理学的全生命周期生态修复和区域更新
全景鸟瞰图 Birdz Eye View
设计结合自然地貌特征——地形剖透视 Ground Section Plane
生态园路剖面 Road section
节点小透视 Node Perspective

佳作奖

RELATIONSHIP· NETWORK · CONNECTION

关系 · 网络 · 連接

南京滨江地区“城市阳台”地段城市更新设计

Urban renewal design of "city balcony" section in riverside area of Nanjing

指导教师

吴欣

自然而然 城市使然

基地地势南高北低，整体形状为带状，中间窄两端宽，且位于老虎山与幕府山中间，具有良好的景观条件，同时所需考虑的问题也较之复杂通过对基地的调研认识，以及相关资料的查阅，我们发现：①基地内缺少必要的公共活动和休憩空间，阻碍了公共交往；②现状建筑肌理混乱，缺乏一定规律，原有肌理被破坏；③基地活力不足，没有重视社会效益；④公共服务设施体系不完善，道路交通设施急需提升；⑤基地内出现“文化沙漠”现象，文化资源有待挖掘。

基于以上问题，如何处理行人到此之后的路径转换，解决居民需求问题、充分利用基地的优势条件的同时又与周边地块的功能产生呼应，是方案设计着重考虑的问题之一；地块呈狭长形状，又被主干道中央北路东西向割裂，功能与结构如何组织，交通又如何联系是着重考虑之二；如何通过功能的引入、流线的设置以体现“城市阳台”公共空间开放性和趣味性的特征是着重考虑之三。

基于此我们提出“关系一网络一连接”的手法，基地功能设置主要以公共性的创意办公、文化展示、绿色休闲、游玩游憩等为主。空间上则设置架空平台，平台上空设计多样的慢行空间，并通过连廊与周边空间沟通，较好地解决了空间联系问题。此外，将主干道两侧的功能性设施集中到平台上，两侧则植入带状广场、休闲娱乐设施、文创展示功能，以增加空间丰富性和吸引力。

多样性且富有吸引力的空间设置为居民提供了一处日常游憩的好去处，符合“城市阳台”公共空间的性质定位，并呼应“城市双修”与“场所复兴”的主题。

参赛学生

陈翀

自从进入规划专业学习以来，大多时候是对空间进行构思与设计，并未深入探讨空间背后的本质。通过此次设计竞赛，使我对空间塑造背后折射出的人文关怀有了更多的理解。

即使是在同一空间中，不同人群所产生的需求各不相同，但相互之间会产生能量流、物质流、信息流等的交换，规划则需要对其进行规范与引导。只有这样，设计方案才能创造一个有秩序的场所空间，拥有更多的实用性。正所谓见贤思齐焉，让我们在了解自身不足的同时，也能够学习到其他组的优势和闪光点。

刘畅

基于总体“城市双修”的要求，我们对基地周边的生态环境元素采取引入与借景的设计手段，既考虑长江临岸的滨水空间营造，又注重周边自然的景观视线通廊，同时运用城市修补的“织补”手法，恢复城市地区活力。比较有特色的一点是，我们设计三层架空联系通道，并将娱乐、休闲、公园、购物等功能置于其上，增加了邻里的交往，打造更深的关系网络，是我们的一个创新点。

此次竞赛，不仅学习了知识，也锻炼了团队合作的能力，我更有责任心也更有信心迎接未来的挑战。

赵凯旭

这次“西北之光”暑期设计竞赛是学习规划专业以来参加的第一次设计竞赛，回头细细审视，的确获益良多。

首先，明晰了沟通的重要性。团队的取胜之道在于团队内部的凝聚力，凝聚力则更多地体现于成员之间沟通的有效性。竞赛参与过程在与同学的交流中体会到了创造性思维的迸发，学到了很多新东西。其次，感受到了规划要考虑公共性与市民利益。本次竞赛“幕府山风景区”地块设计凸显的正是“公共性”这样的主题。“为市民做规划”是贯穿于整个设计过程中的哲学思辨。

董钰

这次竞赛对于我来说是一次难得的学习和锻炼机会，从前期调研阶段到最后方案的完成，是一段非常有价值的经历。很荣幸能在本次竞赛中获得奖项，但是最重要的莫过于从中汲取经验和启发，并且通过不断学习来提升自身能力。同时要感谢老师的辛勤指导以及同学之间的互帮互助。在今后的学习过程中，依旧要广泛阅读，积极实践，关注行业动态，注重学习。

王笑

通过这次竞赛，感触最大的是合理安排时间的重要性，这主要归功于队友强大的统筹协调能力，从最初的调研到成果提交，所有的工作都是在有条不紊的状态下进行。同时期间也阅读了大量书籍，为此次竞赛建立起强大的理念支撑，也在很大程度上提升了自己的专业素养。最后特别感谢队友在竞赛期间对我的照顾，从他们身上学到了许多不一样的东西，同时也感谢老师在竞赛期间对我们耐心的指导和陪伴。

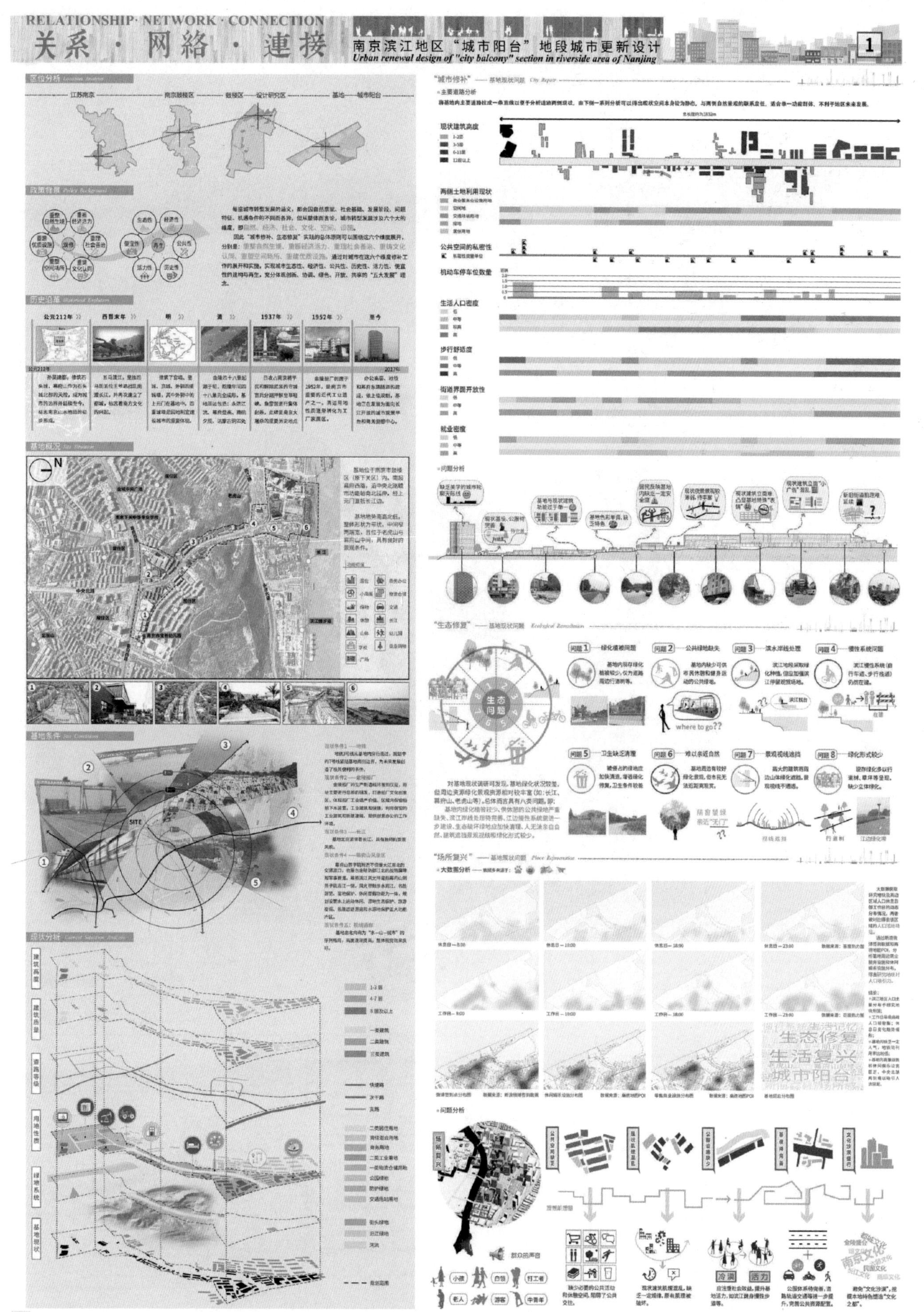

RELATIONSHIP · NETWORK · CONNECTION
关系 · 网络 · 連接
南京滨江地区"城市阳台"地段城市更新设计
Urban renewal design of "city balcony" section in riverside area of Nanjing
1
区位分析
江苏南京
南京鼓楼区
鼓楼区
设计研究区
基地
城市阳台
政策背景
历史沿革
公元212年
西晋末年
明
清
1937年
1952年
至今
基地概况
N
基地条件
SITE
现状分析
"城市修补"——基地现状问题
主要道路分析
现状建筑高度
两侧土地利用现状
公共空间的私密性
机动车停车位数量
生活人口密度
步行舒适度
街道界面开放性
就业密度
问题分析
"生态修复"——基地现状问题
生态问题
问题1 绿化植被问题
问题2 公共绿地缺失
问题3 滨水岸线处理
问题4 慢性系统问题
问题5 卫生缺乏清理
问题6 难以亲近自然
问题7 景观视线遮挡
问题8 绿化形式较少
where to go??
"场所复兴"——基地现状问题
大数据分析
生态修复
生活复兴
城市阳台
问题分析
场所复兴
鼓仰的声音
小孩
白领
打工者
老人
游客
中青年
冷漠
活力

佳作奖

双修与再生：南京滨江地区的城市更新设计

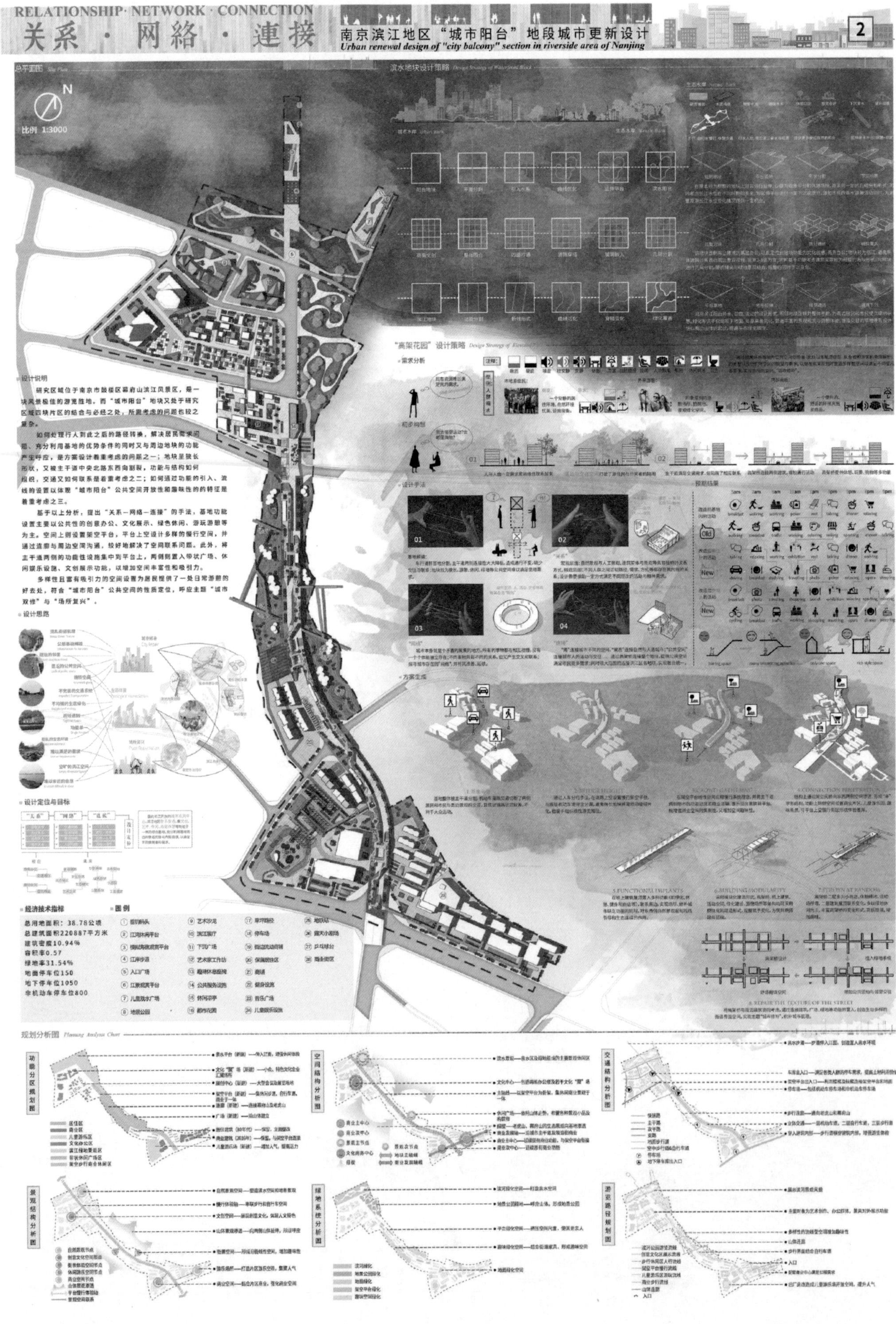

RELATIONSHIP · NETWORK · CONNECTION
关系 · 网络 · 连接

南京滨江地区"城市阳台"地段城市更新设计

Urban renewal design of "city balcony" section in riverside area of Nanjing

2

总平面图 Site Plan

N

比例 1:3000

滨水地块设计策略 Design Strategy of Waterfront Block

"高架花园"设计策略

需求分析

初步构想

设计手法

预期结果

方案生成

设计说明

研究区域位于南京市鼓楼区幕府山滨江风景区，是一块风景极佳的游览胜地。而"城市阳台"地块又处于研究区域四块片区的结合与必经之处，所需考虑的问题也较之复杂。

如何处理行人到此之后的路径转换，解决居民需求问题、充分利用基地的优势条件的同时又与周边地块的功能产生呼应，是方案设计着重考虑的问题之一；地块呈狭长形状，又被主干道中央北路东西向割裂，功能与结构如何组织，交通又如何联系是着重考虑之二；如何通过功能的引入、流线的设置以体现"城市阳台"公共空间开放性和趣味性的的特征是着重考虑之三。

基于以上分析，提出"关系—网络—连接"的手法，基地功能设置主要以公共性的创意办公、文化展示、绿色休闲、游玩游憩等为主。空间上则设置架空平台，平台上空设计多样的慢行空间，并通过连廊与周边空间沟通，较好地解决了空间联系问题。此外，将主干道两侧的功能性设施集中到平台上，两侧则置入带状广场、休闲娱乐设施、文创展示功能，以增加空间丰富性和吸引力。

多样性且富有吸引力的空间设置为居民提供了一处日常游憩的好去处，符合"城市阳台"公共空间的性质定位，呼应主题"城市双修"与"场所复兴"。

设计思路

设计定位与目标

经济技术指标

总用地面积：38.78公顷

总建筑面积220887平方米

建筑密度10.94%

容积率0.57

绿地率31.54%

地面停车位150

地下停车位1050

非机动车停车位800

图例

① 垂钓码头
② 江湾休闲平台
③ 模拟海旗观赏平台
④ 江岸步道
⑤ 入口广场
⑥ 江景观赏平台
⑦ 儿童戏水广场
⑧ 地景公园
⑨ 艺术沙龙
⑩ 滨江展厅
⑪ 下沉广场
⑫ 艺术家工作坊
⑬ 趣味休息座椅
⑭ 公共服务设施
⑮ 休闲凉亭
⑯ 都市花园
⑰ 草坪路径
⑱ 停车场
⑲ 街边流动商铺
⑳ 保留居住区
㉑ 商铺
㉒ 健身设施
㉓ 音乐广场
㉔ 儿童娱乐设施
㉕ 地铁站
㉖ 露天小剧场
㉗ 乒乓球台
㉘ 商业街区

规划分析图 Planning Analysis Chart

功能分区规划图

空间结构分析图

交通结构分析图

景观结构分析图

绿地系统分析图

游览路径规划图

RELATIONSHIP· NETWORK · CONNECTION

关系 · 网络 · 連接

南京滨江地区"城市阳台"地段城市更新设计

Urban renewal design of "city balcony" section in riverside area of Nanjing

"高架花园"——活动组织图 Activity Organization Chart

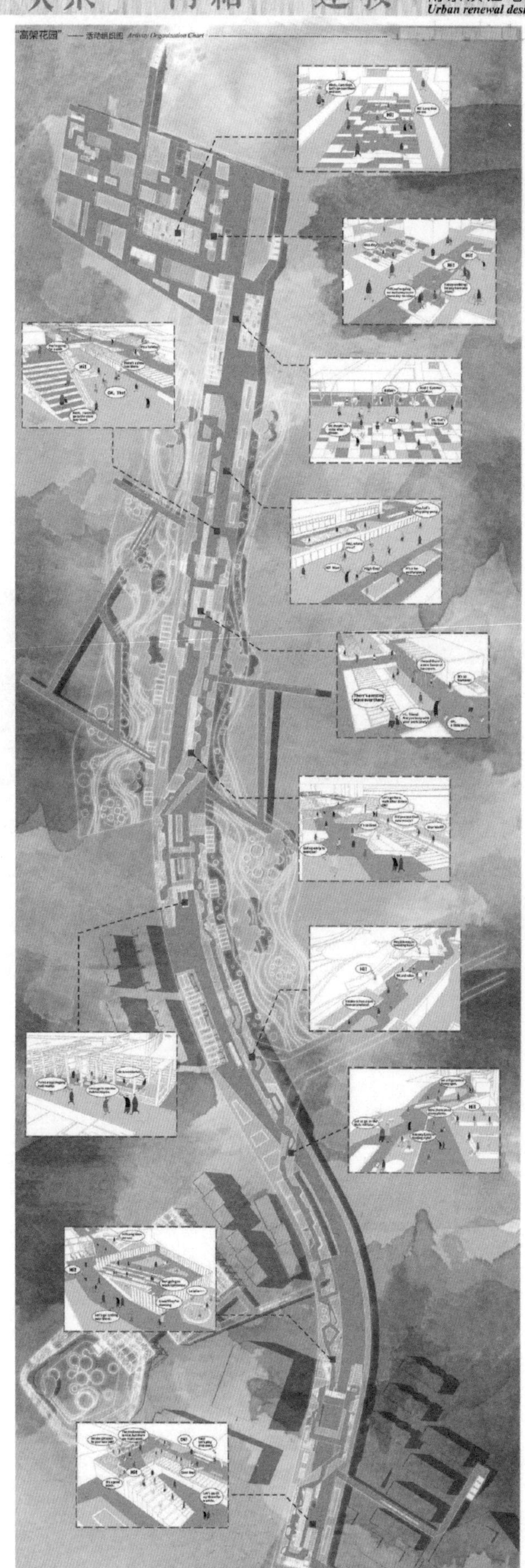

整体鸟瞰图 Overall Aerial View

"高架花园"竖向分析 Vertical Analysis Chart

本方案设计的"高架花园"所架空的平台包括单层平台和部分双层平台，根据地面与单层平台的组合、地面与双层平台的组合、地面与平台的衔接方式选三个角度选取三种不同类型的节点对其空间关系及功能进行分析。

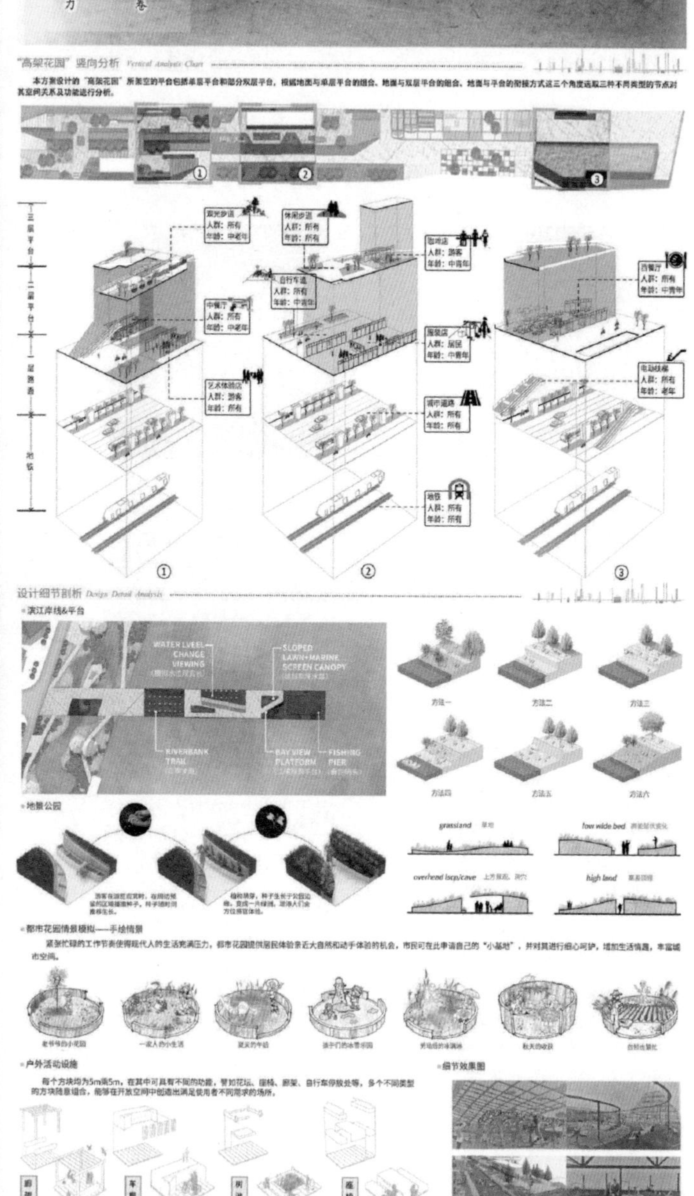

设计细节剖析 Design Detail Analysis

四维(four-dimensional)——片·体·空间·起落潮汐

指导教师

邢国庆

生态环境视角下的场所营造

港一地段码头位于幕府山之下临近滨江带，自古以来，幕府山燕子矶附近不但是大江南北的交通渡口，也是古金陵防御江北的战略屏障和军事要道。加上这里享有江山共景、六朝祥土的美誉，并在幕府山留下了许多名人足迹、历史景观和民间传说。由此为基地奠定了一定的文化底蕴背景及较好的地理区位。对基地的调研与认知，同时结合场地现状、周边环境、文化背景、气候因素等，我们对此进行了初步构思。由于基地所处地理位置不仅是近代工业文明的遗产，更是历史留给我们的财富。我们要做的和思考的，就是当人们来到这里的时候，不仅仅在感叹近代工业文明所创造的变革，也应该感慨于时光的流逝，历史的变迁，达到城市的“再生”。

除此之外，考虑到基于主题为“城市的双修与再生”，只侧重其中一点是不行的。因此，就基地而言，我们做了进一步的分析。既然基地临近滨江，那我们是否可以将其与基地相联系，从而达到城市与自然或人与自然的互利共荣。

确立了大方向后，还要针对场地周围现状与基地的联系。因此，我们把基地与周边东西横向贯通，南北竖向链接。

总而言之，通过对基地的分析，找出问题，并针对问题做相应取舍，然后设计多个解决方案。在保护原有历史遗迹及对其修建的同时，基地与周边现状也具有直接与间接的联系性。在城市的双修与再生下，我们期望可以给座城市留下文明发展史上的重要一页，它无形地记录着人类社会的伟大变革与进步，更延续了一座城市的历史面对这些被视为“废弃”的工业遗产。我们同样能够强烈感受到厚重的历史，人文，经济，科技的多重珍贵价值，从而激活场地。

参赛学生

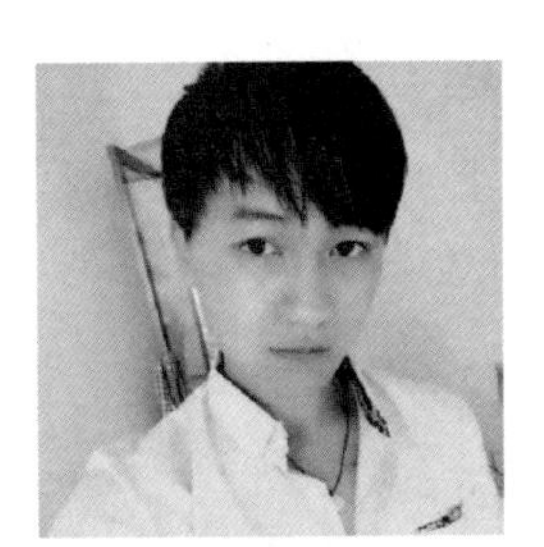

陈黎明

我很热爱建筑，很荣幸能参加这次比赛，我受益良多。“城市的双修与再生”，联系基地现状，分析其环境、人文、历史。最后我们采用场地现状一大特点——临近滨江，以此，做设计使其基地与滨江带产生紧密联系。同时维护了工业遗迹，也形成了城市“慢”系统，同时增进了人与人之间、人与自然之间的互利共荣。我们遇到过许多问题，我们对场地的认知只是沧海一粟，因此我们查看了不少相关资料。在不断的讨论和分析中，最后针对实质问题得出结论。总而言之，这次竞赛使我获得最多的，莫过于对要设计场地的分析与理解。面对不同场地，会有不同的设计思路，在每个设计者的眼中，从基地内读到的信息琳琅满目，但始终只有抓住主要的问题，对其分析，设计，才能达到较好的设计效果。

普俞鑫

很荣幸有这么一次机会可以参加这次竞赛。通过这次竞赛，收获颇多。团队的协作，每个人的付出都与之相关联。我们反馈的是对我们生存空间的热爱，正因为有了这种想法，我们才会去不断探寻合理的设计思路。“城市的双修与再生”，我们通过场地调研，选择出我们想要做的一块地，因为每一种空间对于设计而言都有一定的规定性，我们去寻找这种规定性的同时去合理的定义我们需要的特质。在思维扩散性与逻辑性中寻找我们觉得适合的东西，去解决问题。每个人的设计思路不同，会有很多想法，在此期间就需要我们不断去磨合交流。过程中锻炼自身的设计思维，懂得团队合作的重要性，在新的阶段去发掘许多有趣的东西。我想这就是设计的乐趣。

孙航

与其说这是一次竞赛，不如说这是一次初体验的团队协作，相较于其他三个地段的，我们选择了约束条件最少的“港一公司码头”地段，从理念到方案阶段，每一次方案的研讨都争得面红耳赤，场面一度到了无法控制的地步。

可是，没有激烈的思维碰撞，就没有这个理念的诞生：四维——片·体·空间·起落潮汐。

用片成面，用面成体，用体划分空间；以江为契，潮汐为力，涨落有时；人为本体，人于空间，潮涨潮落，忽有阵阵凉风袭面，好不自在。

人，建筑，江，自然和谐共处即“四维”。

张书林

在报名参赛的那一刻，我心情激动，为能够获得一次和本专业息息相关的学习交流的机会而深怀感激之情，做好了面对新挑战的心理准备。有四点我认为重要：

首先，深知只有脚踏实地学习、工作才能掌握扎实的知识，一分耕耘一分收获。

其次，学习没有止境，要时刻抱着谦虚的学习态度和严谨的治学态度，只有不断更新已有知识才能有所作为。

再次，学会独立思考和多思考，培养敏锐的观察力，因为在实际当中多思考和敏锐的观察力对于解决问题至关重要。

最后一点，要珍视团队的力量，努力吸取他人优点，学会互补并利用优势资源，因为善于交流和多沟通表达会让人认识到自身的不足，促进成长。

最后，感谢指导教师、同学和所有帮助过我们的人，你们所做的一切让我和队友深深感受到了关怀的温暖同时也为我们不断前进注入了源源不断的动力。

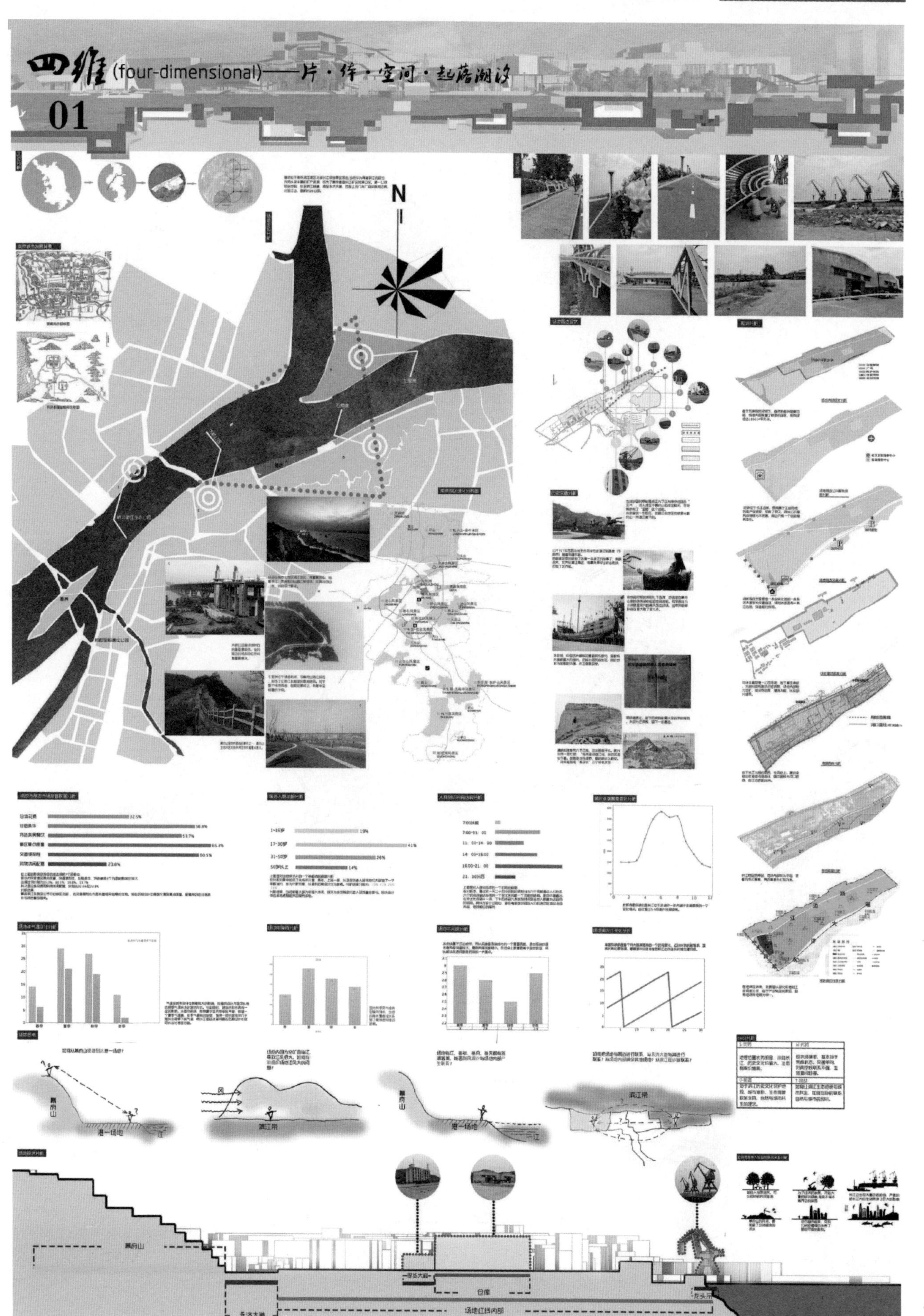
四维(four-dimensional)——片·件·空间·起落潮汐
01
N
幕府山
港一场地
江
风
滨江带
幕府山
永济大道
仓库
场地红线内部
龙头吊

四维(four-dimensional)——片·体·空间·起落潮汐

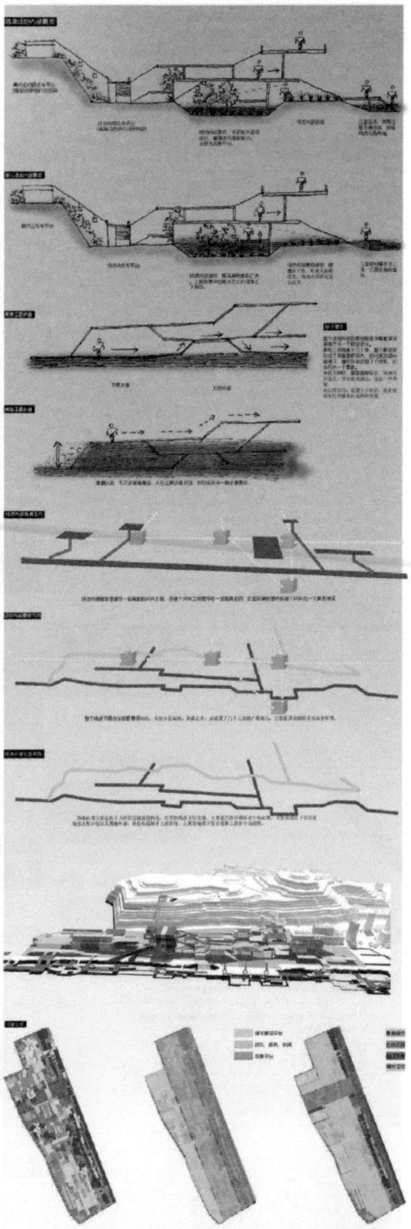

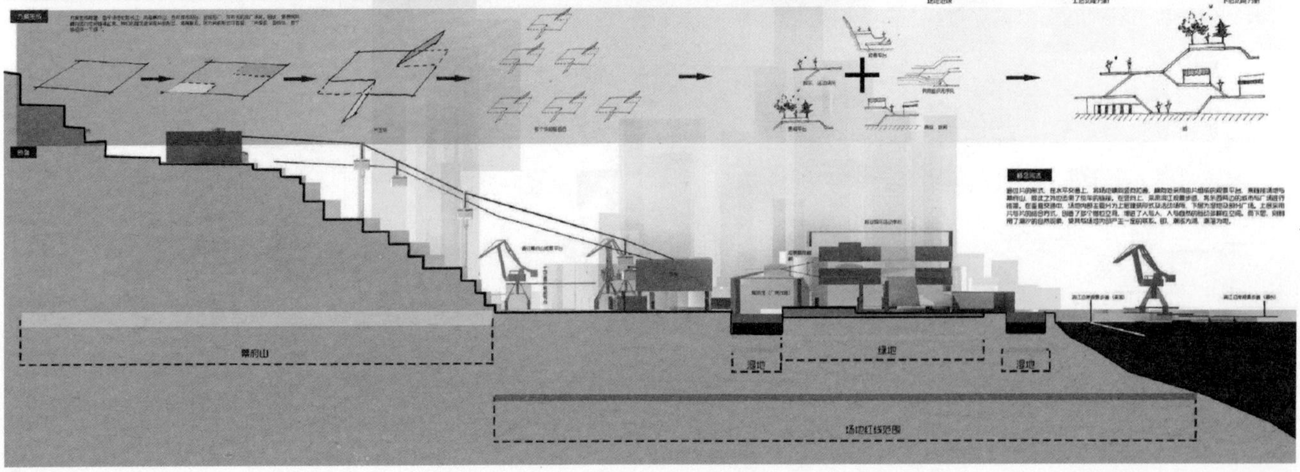

02

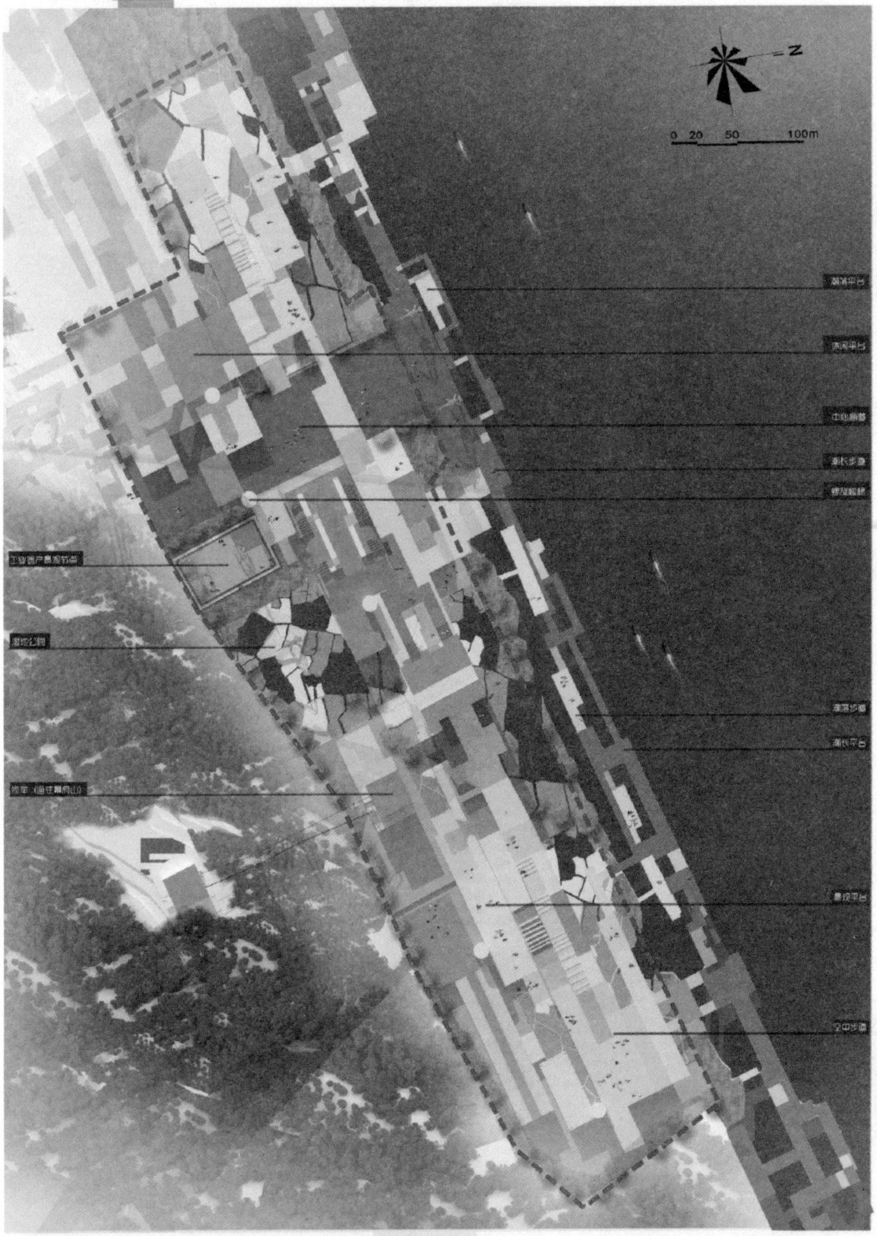

四维(four-dimensional)——片·倚·空间·起落湖汐
03
自古帝王州，郁郁葱葱佳气浮。四百年来成一梦，堪愁。晋代衣冠成古丘。绕水恣行游。上尽层城更上楼。——南乡子·自古帝王州
设计理念
四维（four——dimensional）

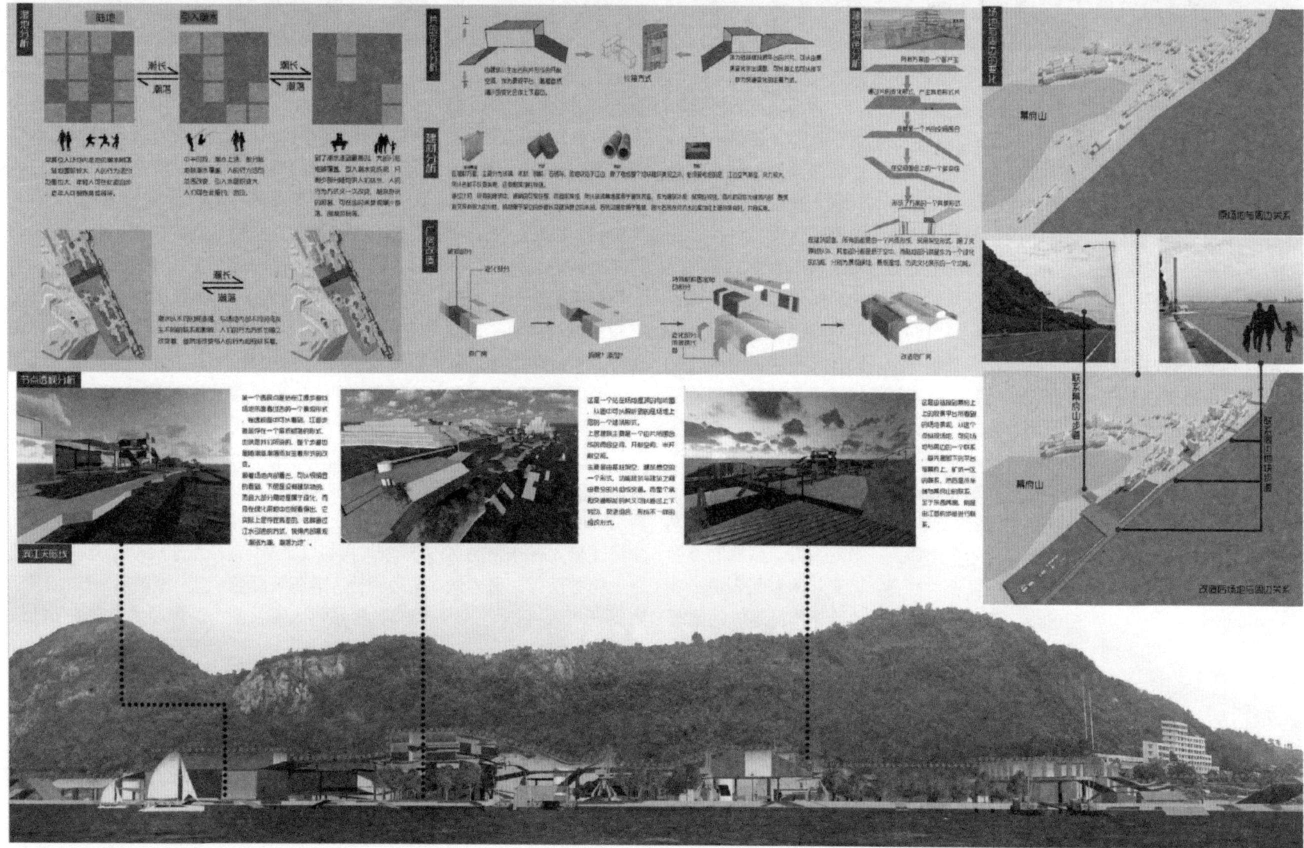
场地分析
场地
引入潮水
潮长
潮落
节点透视分析
江天际线

佳作奖

指导教师

王晓倩

李纯斌

新矿之神怡，达摩之掌星

南京幕府山白云石矿坑位于幕府山西段，北临长江，南到纬一路，西起中央北路，东至白石矿地下货运隧道。研究区东西向长于南北向，呈现为“凹”字形。

基于对整个修复目标体系的构建，白云石矿坑的生态修复总目标在于修复再利用。将目标层进行分解，由目标引入相关因素，即白云石矿坑的修复首先需要实现生态效益，确保有较好的生态环境；其次可以塑造良好的景观，对生态的修复要考虑到景观打造，围绕这些效益以达到目标中的整体平衡稳定。对各因素分别探讨分析，针对性的指定指标：生态效益的实现需要考虑地形复杂度、植物多样性、环境适宜性、植被覆盖度几个指标；景观效益的实现需要有较好的观赏价值，此外景观多样性和异质性同样可以塑造良好的景观效益。

在整个设计过程中，道路为总体脱离地面的架空栈道，除矿坑大部外围道路，园内道路以步行为主。园内建筑有标志性的“达摩之星”和基础设施。在矿坑周边区域，乔灌草合理配置，做到三季有花，四季常绿。矿坑底部地势较低的区域弱化处理，做疏林草地。植物设计以体现“花、秋实、夏雨、冬阳”为主题。本次设计“达摩之星”意在联系山、江、城之间的空间形态关系，塑造优美的沿江空间轮廓线，丰富沿江休闲旅游内容；从达摩渡江的典故出发设计了“佛手通道”；“古韵新歌”历史长廊保护、尊重、继承了矿坑的历史文化；“文脉、水脉、绿脉”的脉络修复激活了生态友好、文化创新、景观宜人的片区活力。结合基地鲜明的自然特色及深厚的历史文化底蕴，以生态修复为前提，迎合南京市民健康生活理念发展趋势，强调体验、参与、个性、摒弃依附，独立吸引，错位发展，最大限度保留白云石矿遗留的山体景观，同时保护矿坑中已恢复的生态植被系统，设置不同层次的生态景观视线，利用游步道联系各特色观景平台，打造集运动休闲、养身度假和亲子旅游于一体的生态型森林公园，造就不一样的“新矿神怡”。

参赛学生

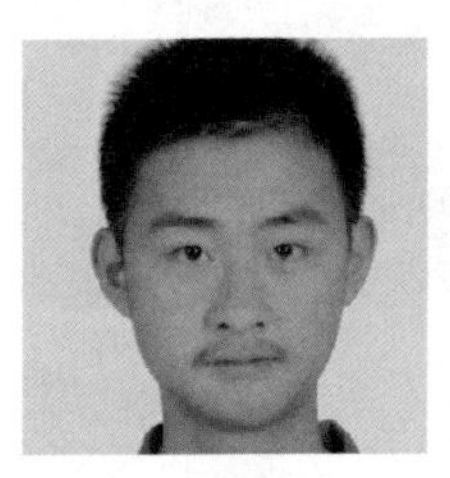

毛文博

漫步幕府，失恋了酷暑。悄然游走在江边的美妙景致，在难忘的旅途中，拾取哪些遗忘在城市角落里的记忆碎片，拼贴出一幅幅流失的“新矿神怡”。我们希望幕府的一草一木都可以力牵文脉、绿脉、水脉，携手历史共创未来，造就与众不同的城市链接。

黄涛

从五月底接到任务书，到最后八月初提交，这几个月的辛苦，经历了很多也学习了很多。不仅学习到了大量课堂上学不到的专业知识，也学会了同甘共苦团结合作。

相较最开始的“纸上画画，墙上挂挂”，经历过大赛的熏陶，我们已经蜕变，所以说规划学会的初衷并没有被辜负，我们大西北的孩子最终会是有用的人才，城市在更新，社会在进步，我们要为将来城市的发展奉献自己。

焦陇慧

本次竞赛主题是城市双修，在基本保持矿坑内部的自然生态景观和人文景观的基础上完善服务设施，并结合南京城市整体发展的要求和滨江地区的有机更新对白云矿坑进行更新设计，将居民需求、空间布局、公共设施紧密联系起来，增加片区活力。通过此次比赛，我知道了唯有热爱，才能付出时间与气力，而美的感知力、认真的态度与专业的制图方法，才能给予作品足够的温暖和质感。

张彩荷

首先在此次比赛过程中认识到自己的缺陷和薄弱所在，学习他人长处，完善自己不足。其次感谢默默付出的指导老师和为了共同目标一起奋斗的组员，我们学会了相互包容、相互支持、相互学习和鼓励。

在今后的学习道路上，我们应该捧着一颗热忱的心，努力学习，将自己的全部智慧与力量发挥出来，勤奋敬业，激情逐梦，在未来的道路上执着前行，努力做到更好。

吉珍霞

能很感谢大赛为我们提供的平台，让我们能够将所学的理论与实践结合，也感谢老师在酷暑中对我们的付出，让我们的作品在此次比赛中获得佳作奖，这也与我们每个成员的默契合作分不开。另外，我们的作品“新矿神怡”，以生态修复为前提，打造集多功能于一体的生态型森林公园，体现了此次竞赛的主题“双修与再生”。书山有路勤为径，学海无涯苦作舟，希望与大家共同进步。

刘兰烨

参加此次竞赛是一次有趣而且难忘的经历，有顶着炎炎夏日在实验室挥汗如雨的激情，在遇见瓶颈时的痛苦；有收获一份份珍贵友谊时的感动，有作品有所突破时的欢呼雀跃。此次参赛既让我们认识到了自己的不足，也让我们同其他学校交流时收获颇丰。

同时，参加此次比赛也让我跳出书本作为方案设计者来重新理解“城市双修”的主题。以客观的角度来重新认识我们的城市。

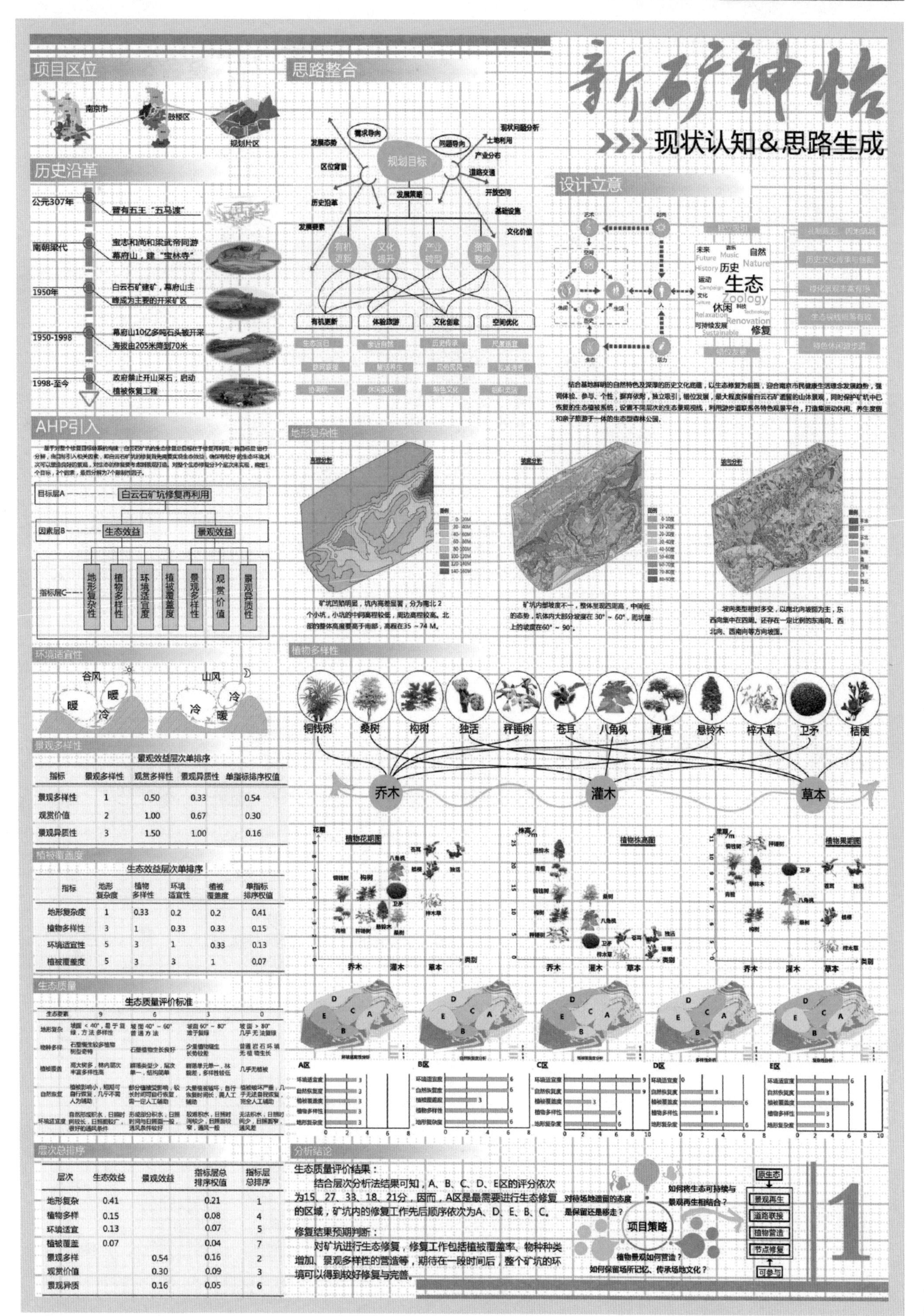

景观效益层次单排序

指标	景观多样性	观赏多样性	景观异质性	单指标排序权值
景观多样性	1	0.50	0.33	0.54
观赏价值	2	1.00	0.67	0.30
景观异质性	3	1.50	1.00	0.16

生态效益层次单排序

指标	地形复杂度	植物多样性	环境适宜性	植被覆盖度	单指标排序权值
地形复杂度	1	0.33	0.2	0.2	0.41
植物多样性	3	1	0.33	0.33	0.15
环境适宜性	5	3	1	0.33	0.13
植被覆盖度	5	3	3	1	0.07

层次	生态效益	景观效益	指标层总排序权值	指标层总排序
地形复杂	0.41		0.21	1
植物多样	0.15		0.08	4
环境适宜	0.13		0.07	5
植被覆盖	0.07		0.04	7
景观多样		0.54	0.16	2
观赏价值		0.30	0.09	3
景观异质		0.16	0.05	6

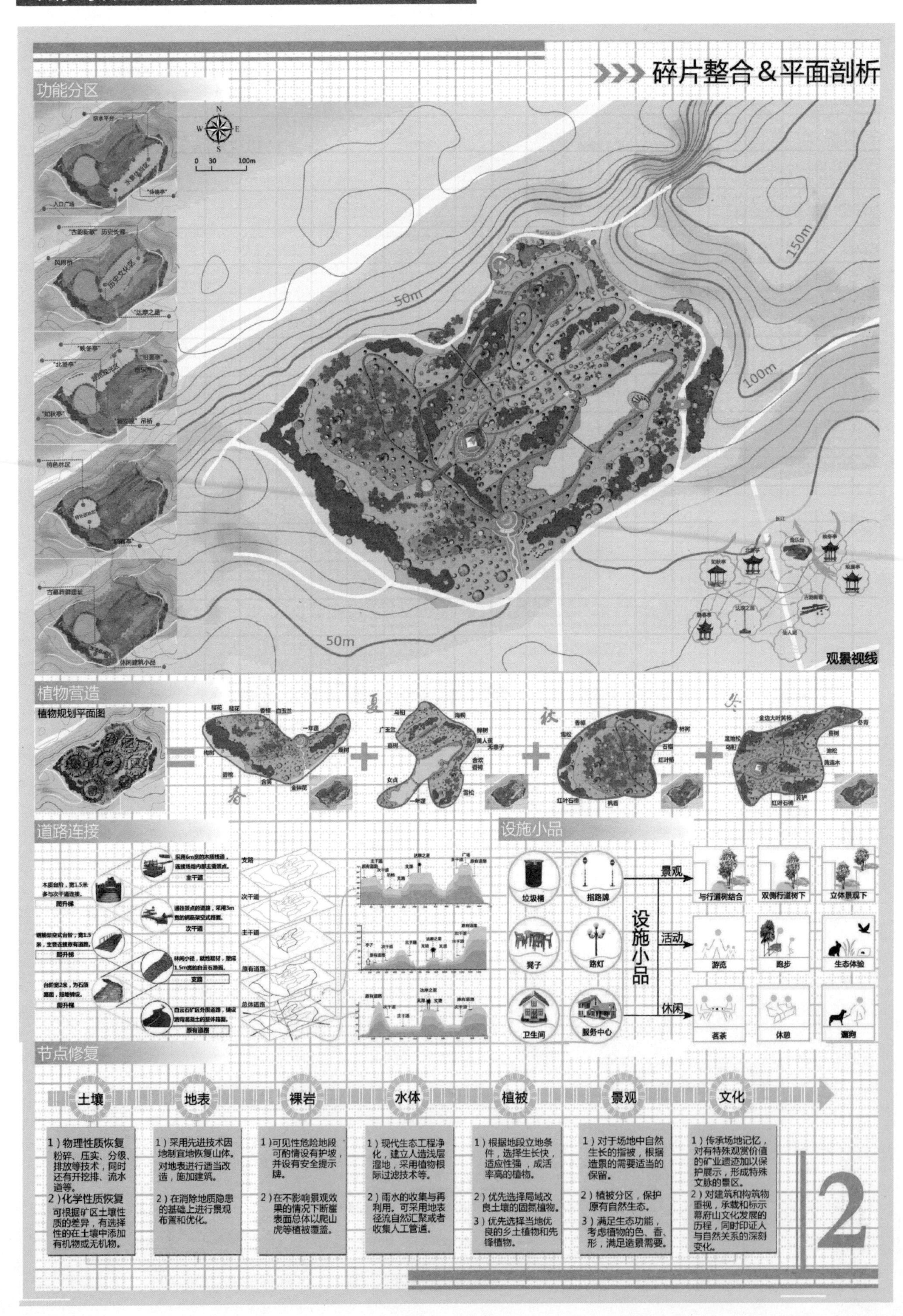

碎片整合＆平面剖析
功能分区
50m
100m
150m
0 30 100m
观景视线
植物营造
植物规划平面图
春
夏
秋
冬
道路连接
设施小品
垃圾桶
指路牌
凳子
路灯
卫生间
服务中心
设施小品
景观
活动
休闲
与行道树结合
双侧行道树下
立体景观下
游览
跑步
生态体验
茗茶
休憩
遛狗
节点修复
土壤
地表
裸岩
水体
植被
景观
文化
1）物理性质恢复
粉碎、压实、分级、排放等技术，同时还有开挖排、流水道等。
2）化学性质恢复
可根据矿区土壤性质的差异，有选择性的在土壤中添加有机物或无机物。
1）采用先进技术因地制宜地恢复山体。对地表进行适当改造，施加建筑。
2）在消除地质隐患的基础上进行景观布置和优化。
1）可见性危险地段可酌情设有护坡，并设有安全提示牌。
2）在不影响景观效果的情况下断崖表面总体以爬山虎等植被覆盖。
1）现代生态工程净化，建立人造浅层湿地，采用植物根际过滤技术等。
2）雨水的收集与再利用。可采用地表径流自然汇聚或者收集人工管道。
1）根据地段立地条件，选择生长快，适应性强，成活率高的植物。
2）优先选择局域改良土壤的固氮植物。
3）优先选择当地优良的乡土植物和先锋植物。
1）对于场地中自然生长的指被，根据造景的需要适当的保留。
2）植被分区，保护原有自然生态。
3）满足生态功能，考虑植物的色、香、形，满足造景需要。
1）传承场地记忆，对有特殊观赏价值的矿业遗迹加以保护展示，形成特殊文脉的景区。
2）对建筑和构筑物重视，承载和标示幕府山文化发展的历程，同时印证人与自然关系的深刻变化。
2

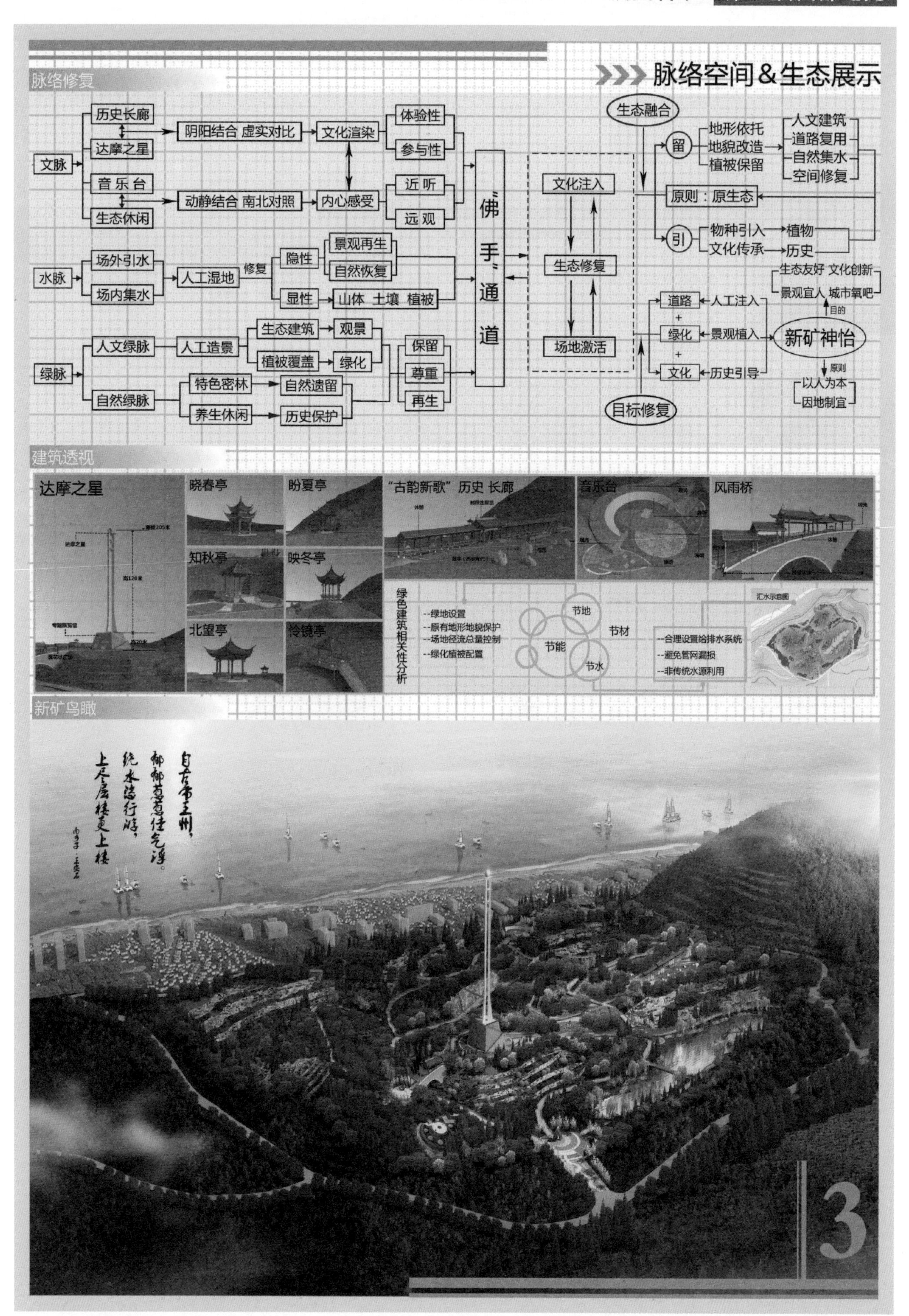
脉络修复
脉络空间&生态展示
文脉
历史长廊
达摩之星
音乐台
生态休闲
阴阳结合 虚实对比
动静结合 南北对照
文化渲染
内心感受
体验性
参与性
近听
远观
水脉
场外引水
场内集水
人工湿地
修复
隐性
显性
景观再生
自然恢复
山体 土壤 植被
绿脉
人文绿脉
自然绿脉
人工造景
生态建筑
植被覆盖
观景
绿化
特色密林
养生休闲
自然遗留
历史保护
保留
尊重
再生
“佛手”通道
文化注入
生态修复
场地激活
生态融合
留
地形依托
地貌改造
植被保留
人文建筑
道路复用
自然集水
空间修复
原则：原生态
引
物种引入
植物
文化传承
历史
生态友好 文化创新
景观宜人 城市氧吧
目的
道路
人工注入
绿化
景观植入
文化
历史引导
新矿神怡
原则
以人为本
因地制宜
目标修复
建筑透视
达摩之星
晓春亭
盼夏亭
“古韵新歌”历史 长廊
音乐台
风雨桥
知秋亭
映冬亭
北望亭
冷镜亭
绿色建筑相关性分析
--绿地设置
--原有地形地貌保护
--场地径流总量控制
--绿化植被配置
节地
节能
节材
节水
--合理设置给排水系统
--避免管网漏损
--非传统水源利用
汇水示意图
新矿鸟瞰
自古帝王州，
郁郁葱葱佳气浮。
绕水恣行游，
上尽层楼更上楼
3

双修与再生：南京滨江地区的城市更新设计

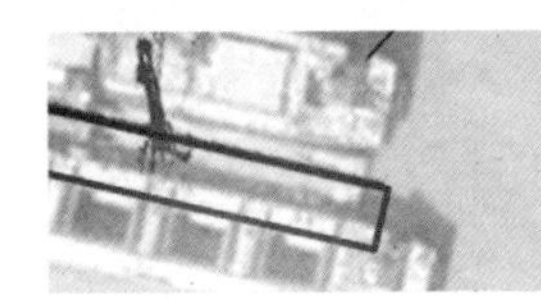

时过境迁 ONCE ON SHORE, WE PRAY NO MORE.

时连境生 多元语境下的南京

佳作奖

指导教师

富志强

张立恒

唤醒人文记忆，复兴城市空间

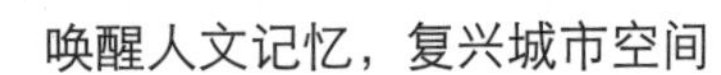

2017 年北京彻底整治开墙打洞，在核心区“刮骨疗伤”，其整治前后对比照引发众议。究其群众不满的根源，因是人们多样化的社会需求在这种“快速地刮骨”中无处安放。“刮骨”后的“疗伤”该如何整治，亦城市规划设计的处理方式该如何，成为我们思考设计概念的原点。

反复去调研基地，由最初的时过境迁的最初印象逐渐的引发了对城市双修后城市活力与多样性的思考。中央北路最早就是因城门和水运而建，后来在此聚集了码头，有了码头就有了运货的货车，从而聚集了各类物流与交通服务业。但是随着码头的废弃，“他”仿佛变成了一个即将失忆的人，不知道自己的曾经，也没有人知道他曾经的价值。物是人非，时过境迁。曾经的因码头而兴的地方，今后的前行不该忘记过去的记忆。

围绕双修与再生——南京滨江地区的城市更新设计的竞赛主题，通过以生态和功能为主线的调研分析，发现在历史文化底蕴丰富的南京，人们需要的城市双修远不止物质更新与设计那样简单。城市双修呈现现状多元化、主体多元化、问题多元化、项目多元化四大趋势。从而对当下以物质空间更新为主的各类城市双修产生疑问，认为只关注物、质的城市双修必然会使人们感到物是人非、时过境迁。

反思问题，我们认为城市双修应该尊重城市的多样性。尊重城市的多样性，应从城市的第四维度——时间去考虑。我们认为想要可持续的更新，就要做到代际公平。做到代际公平，就应该做到尊重过去，尊重现在，尊重未来。基于上述思考，故生出本次设计的主题——时连境生。

时间如何与多元需求共生？我们想到了“时间肌理”的概念、“容器”的手法。宏观层面，通过以生态和功能为主线的调查研究，提取了以生态格局、道路交通、现状建筑、历史遗痕、城市色彩等类型组成的时间肌理，通过建立不同类型时间肌理之间的联系，利用与延续肌理的生态与功能的价值，再生场所与活力。中观和微观层面我们提取具有价值的历史道路交通肌理为空间特色本底；提取临时性建筑、集装箱、工业构建等现状建筑肌理，在功能和生态易发生冲突的地方设置兼容的盒子——“箱客系统”；提出兼容的线——回归线统打通山体与城市功能之间的消极生态肌理，连接兼容的点；城市色彩上保留原有红、蓝、绿、白为主的元素；通过城市设计手段达到生态、功能与活力的可持续新发展。

参赛学生

陆雨

坦白说，这是学习规划以来第一次自己用电脑出的“作品”。起初，对于已经考入城乡规划专业，本科是快题狂魔、手绘爱好者的我，当时抱着只要多向他人学习，和组员们多多交流就能做完自己的第一次设计竞赛的心态，就向老师申请了这次机会。然而，一切比我想象的难得多的多。在这第一次的设计竞赛中，我们先后遇到了调研、选择地块、汇报、查找资料、方案构思、电脑赶图、出图等若干拦路虎。其中，团队协调是我认为最关键的一条轴线，只有大家拧成一根金箍棒，才能又好又快的打跑这竞赛路上的一只又一只的拦路虎。若没有这条轴线，方案、想法再好，也可能因为缺乏秩序而分崩离析。

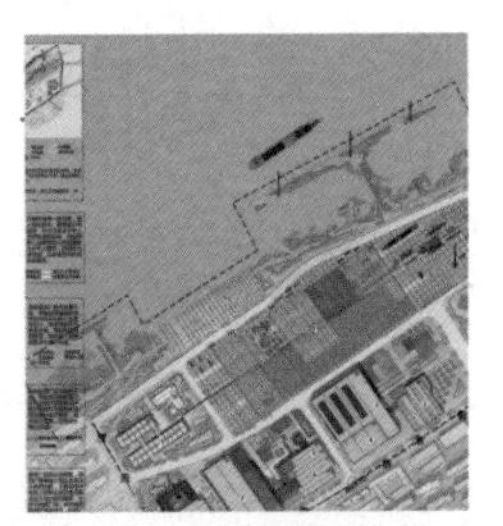

刘明昊

很高兴能够在大三阶段参与到“西部之光”竞赛中来。刚到南京我们小组便满怀热情的投入到了地块的调研当中，与当地居民进行交流，拍照，记录每一个重要的线索。再到与老师协商地块的选择，我们选择了“城市阳台”的地块。

对于出图阶段可谓至今记忆深刻，由于前期参加了一个国际竞赛，交完图留给“西部之光”只有仅仅十天时间了，时间的严重不足，只能通过通宵来解决。和组员们一起，抱着“可以不获奖，但是不能不交图”的信念，在最后连续通宵四晚，还是把图给作出来了。最后觉得获不获奖似乎已经不重要了，因为我们坚持到了最后一刻，获奖了也可以算是一个意外的惊喜吧。

所以总结“西部之光”最大的收获就是上帝永远不会亏待那些坚持到最后的人，一句话概括便是“行百里者半九十”。

吴举政

很荣幸参加了今年的“西部之光”大赛，让我亲身了解业界里的大咖、专业人士、其他高校的人才。这次的获奖，是对我们的认可也是对我们的鼓励。在调研报告上认识到其他高校的人才，发现自身的不足之处，鼓舞着我要更加努力。在设计过程中，意识到队员之间的交流是极其关键的一个环节，各抒己见中认识到亮点和不足。本次的主题是“双修和再生”，对生态的修补与对城市功能的修复，使得我更清楚地认识到生态以及城市功能对人类的影响，也进一步地让我对规划有了更加清晰的认识，不仅需要宏观方面的掌控，更需要微观方面的加强。

此外，也非常感谢老师们不辞辛苦地指导，感谢队员们对我的信任、对我的帮助，感谢队员们的奋战。

周强

通过参加这次“西部之光”竞赛，设计中不只是空间中的维度，而还可以通过时间的维度，创造出规划设计的原汁原味。深刻的学习到对规划设计的认识，感谢和自己一起并肩作战的战友们，在这次挑战中遇到一些方案争吵，最终还是在争吵中获得最大的收益和学习。使自己也得到了成长。

给我们学生一个学习交流的一个平台，希望在主办方越办越好。

[第一章] 在散乱多元中时过境迁

本章以生态与功能为调研的主线，从复杂现状与多元需求中找出设计依据与问题，同时发现城市双修中的一大选供——时过境迁。

TIME TEXTURE
RENAISSANCE ENVIRONMENT 时连境生

多元语境下的南京中央北路地段规划设计

MEET

初识——“时过境迁”

此地东至上元门水厂西边界，西至宝船五路，北至江边，南侧直抵幕府西路，包括中央北路000（永济大道至白云路路段）红线两侧外扩约60米形成的地块范围，面积约40公顷。初寂基地，其现状特色可以概括为是时过境迁。时 调研中，人们大多缺少对该基地的认知，走过此地也给人一种缺乏城市特色之感。然而在后续的调研中，此地具有丰富的历史人文痕迹，场所价值值得延续。过 以路为轴，一线两点，其路有坡，最为两侧上下坡感受各异，具有景观价值。境 基地内自然景观条件优越，但过贯且单调的中央北路上缺少街道景观，同时割裂了街道两侧的地块与山体的联系，街道上缺乏人文环境氛围。迁 基地内主要以临时性建筑和60-80年代修建的居住建筑为主，都存在着拆迁和搬迁的问题。在城市更新中如何以最小的操作换取最大的城市效益，而非推倒重建、时过境迁、物是人非，是我们之后调研与设计的主要任务。

唏嘘——时过境迁

反复去调研基地，由最初的时过境迁的最初印象逐渐的引发了对城市双修后城市活力与多样性的思考。中央北路最早就是因城门和水运而建，后来在此聚集了码头，有了码头就有了运货的货车，从而聚集了各类物流与交通服务业。但是随着码头的废弃，“他”仿佛变成了一个即将失忆的人，不知道自己的曾经，也没有人知道他曾经的价值。物是人非，时过境迁，曾今的因码头而兴的地方，今后的转变不该忘记过去的记忆。

HOW AND WHERE

两个“时过境迁”的何去何从

围绕城市双修，我们思考了两种意义的“时过境迁”，对城市双修产生了一些思考与疑问。城市修补、生态修复，两者都有“修”字。从根源上讲，“修”是针对已有问题的现实解决。在城市设计中的城市双修根本上说应是解决城市问题的某种设计，这种设计能等同于“大拆大建”和违背人民意愿的各种改造，那样的城市更新是对城市过去、今天与未来虚假的“尊重”。
既然是“修补”和“修复”，那必然在人们心是有想要还原的一个阈值，而这个阈值必然与时间有关。这个阈值不一定只有过去和现在，我们认为还应有未来的潜在问题的一个规避方案，而现在还未能相关的条件，所以需要城市双修去修复各个时段可能会发生的问题。
南京作为历史人文底蕴深厚的城市，时间在其身上展示的淋漓精致。如果说过去的规划从二维平面转向三维空间，那南京应是特别有潜质将三维空间发展到四维时空，化生”四维之城”。我们也知道，历史给予南京太多东西的同时，又好似一个沙袋让南京建设的步伐有所牵绊。

CONTEXT	HISTORY	LANDSCAPE	ECONOLOGY	INDUSTURY	FUNCTION	ARCHITURCAL
背景	历史	景观	生态	产业	功能	建筑

· 北京胡同的引发思考

· 公元前333年 金陵肉

· 公元前254年 幕府山

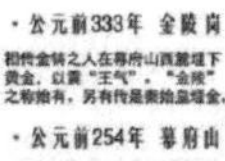

· 东晋 丰富遗址

· 宏观层面景观特色

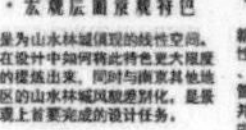

· 山体生态破坏后

· 民国 老虎山炮台

· 中观层面景观特色

· 景观的特色节点

· 城市新发展带于南京

· 基地于南京过江通道

· 基地于主城区

· 基地于城市发展影响

· 平凋的城市生活

· 明代 咀子洞

· 城市多样性有与生活

· 地铁与地质灾害

· 景观的特色节点

· 动荡的新层岩溶区

· 公元1390年 上元门

· 重新看待—城市双修

· 眼楼区建设用地管制

· 现状道路交通

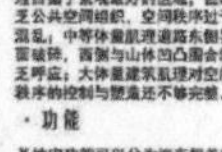

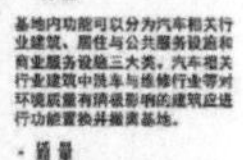

· 1969年 南京长江大桥

· 上下坡路的景观潜力

· 上元门水厂的污染

· 现状的用地性质

· 肌理

· 功能

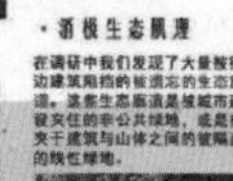

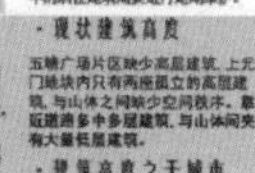

· 重新挖掘—景观

· 酒根生态肌理

· 质量

· 产业到环境的影响

· 公共服务设施

· 现状建筑高度

· 重新思考—过去

· 垂直发展—功能容器

· 建筑高度之于城市

· 重新定义—生态

· 垂直调整—产业

· 重新定义—建筑

在多元语境下的城市双修 | 延续时间肌理 | 尊重自愿生长 | 拒绝时过境迁 物是人非

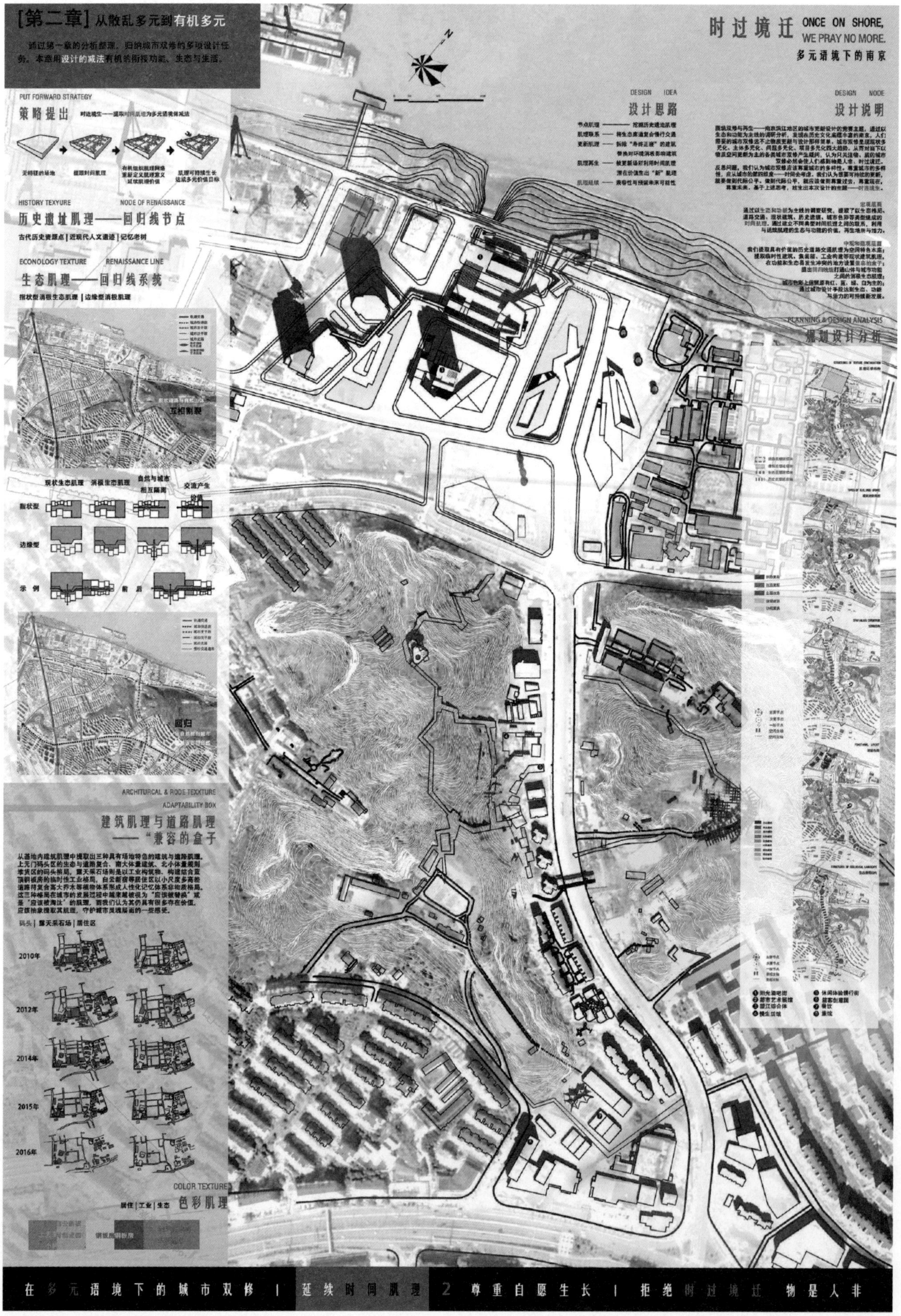

双修与再生：南京滨江地区的城市更新设计

[第二章] 从散乱多元到有机多元

通过第一章的分析整理，归纳城市双修的多项设计任务。本章用设计的减法有机的衔接功能、生态与生活。

PUT FORWARD STRATEGY

策略提出

时过境生——提取时间肌理为多元语境做减法

无特征的场地 → 提取时间肌理 → 有机组织肌理网络 重新定义肌理意义 延续肌理价值 → 肌理可持续生长 达成多元价值目标

HISTORY TEXYURE　　NODE OF RENAISSANCE

历史遗址肌理——回归线节点

古代历史资源点 | 近现代人文遗迹 | 记忆老树

ECONOLOGY TEXTURE　　RENAISSANCE LINE

生态肌理——回归线系统

指状型消极生态肌理 | 边缘型消极肌理

互相割裂

现状生态肌理　消极生态肌理　自然与城市相互隔离　交通产生

指状型

边缘型

示例　前　后

回归

ARCHITURCAL & RODE TEXXTURE

ADAPTABILITY BOX

建筑肌理与道路肌理——“兼容的盒子

从基地内建筑肌理中提取出三种具有场地特色的建筑与道路肌理。上元门码头区的生态与道路复合、南大体量建筑、北小体量规则堆货区的码头格局。露天采石场则是以工业构筑物、构建结合盖顶钢板房的临时性工业格局。白云新宿等居住区以小尺度多高差道路符复合高大乔木等植物体系形成人性化记忆体系非物质格局。这三种格局在城市的发展过程中越来越被视为“应该被替换”或是“应该被淘汰”的肌理，而我们认为其仍具有很多存在价值。应该抽象提取其肌理，守护城市灵魂层面的一些感受。

码头 | 露天采石场 | 居住区

2010年

2012年

2014年

2015年

2016年

COLOR TEXTURE

居住 | 工业 | 生态　色彩肌理

时过境迁 ONCE ON SHORE, WE PRAY NO MORE.

多元语境下的南京

DESIGN IDEA

设计思路

节点肌理 —— 挖掘历史遗迹肌理

肌理联系 —— 将生态廊道复合慢行交通

更新肌理 —— 拆除“寿终正寝”的建筑 替换对环境消极影响建筑

肌理再生 —— 被更新场所利用时间肌理 潜在价值生出“新”肌理

肌理延续 —— 兼容性与预留未来可能性

DESIGN NODE

设计说明

围绕双修与再生——南京滨江地区的城市更新设计的竞赛主题，通过以生态和功能为主线的调研分析，发现在历史文化底蕴丰富的南京，人们需要的城市双修远不止物质更新与设计那样简单，城市双修呈现现状多元化、主体多元化、问题多元化、项目多元化四大趋势。从而对当下以物质空间更新为主的各类城市双修产生疑问，认为只关注物，质的城市双修必然会使人们感到物是人非、时过境迁。

反思问题，我们认为城市双修应该尊重城市的多样性，尊重城市的多样性，应从城市的第四维度——时间去考虑。我们认为想要可持续的更新，就要做到代际公平，做到代际公平，就应该做到尊重过去，尊重现在，尊重未来。基于上述思考，故生出本次设计的主题——时过境生。

宏观层面

通过以生态和功能为主线的调查研究，提取了以生态格局、道路交通、现状建筑、历史遗痕、城市色彩等类型组成的时间肌理，通过建立不同类型时间肌理之间的联系，利用与延续肌理的生态与功能的价值，再生场所与活力。

中观和微观层面

我们提取具有价值的历史道路交通肌理为空间特色本底；提取临时性建筑、集装箱、工业构建等现状建筑肌理，在功能和生态易发生冲突的地方设置兼容的盒子；提出回归线打通山体与城市功能之间的消极生态肌理；城市色彩上保留原有红、蓝、绿、白为主的；通过城市设计手段达到生态、功能与活力的可持续新发展。

PLANNING & DESIGN ANALYSIS

规划设计分析

在多元语境下的城市双修 | 延续时间肌理 2 尊重自愿生长 | 拒绝时过境迁 物是人非

佳作奖

TIME TEXTURE 时连境生
RENAISSANCE ENVIRONMENT
中央北路地段规划设计

[第三章] 从时过境迁到时连境生

设想于更长远的未来，兼容的盒子与回归线系统的能有效的促进物质与非物质环境的可持续发展。

RENAISSANCE CONTAINER
兼容性的容器

城市发展的功能需是随需求主体而多变的，因而满足人们需求的客体更是日益丰富。但过于复杂的客体也会成为城市的潜在问题。在这种多元语境下，我们想要找寻一种具有可控制性与操作性，能够兼容尽量多的城市功能的空间容器。

ADAPTABILITY BOX

兼容的盒子

RENAISSANCE LINE
回归线系统

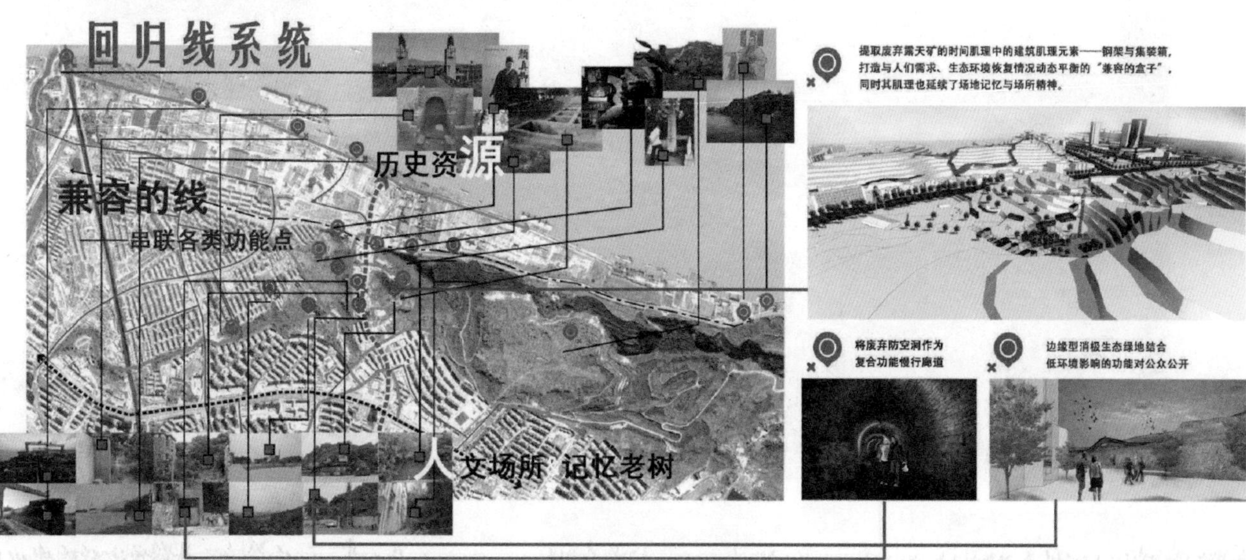

价值重现
RENAISSANCE

在多元语境下的城市双修 | 延续时间肌理 3 尊重自愿生长 | 拒绝时过境迁 物是人非

佳作奖

活动大事记

2017.06.03

启动仪式竞赛培训

2017.06.04

基地调研

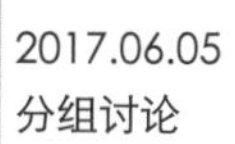

2017.06.05
分组讨论

2017.06.09
成果提交

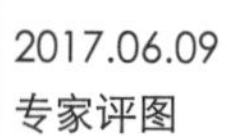

2017.06.09
专家评图

结　语

受中国城市规划学会、高等学校城乡规划学科专业指导委员会委托，南京市规划局参与组织了第5届“西部之光”大学生暑期规划设计竞赛活动。我局高度重视这项活动，吕晓宁总建筑师、城中分局涂志华、吴桐、吕菲、吴国辉等同志从设计任务书拟定，到组织现场踏勘，规划条件讲解及评图环节主动服务，积极参与，为促进西部地区规划高校与东部地区的交流做了一点微薄的贡献。

本次竞赛主题为“双修与再生：南京滨江地区的城市更新设计”。基地选择位于南京主城北部长江之滨，规划确定的幕府山－燕子矶风景区区域，总用地面积约279公顷，按场地特征分为四片进行设计。历史上该地区为南京城北重要的工矿区和港口区，工厂、码头、露天采矿地密集，根据城市转型发展和品质提升要求，这一地区工矿企业的陆续关停和港口功能调整，片区用地面临生态修复、功能调整、空间再造、激发活力的现实任务，也是规划主管部门重点关注的城市待更新地区。设计竞赛的总目标是把基地作为一个整体，建立互为联系、功能互为补充的一个城市地区；理念方法是城市双修，促进城市功能提升。相邻的四个场地分别为“白云石矿矿坑”、“港一公司码头”、“城市阳台”、“金陵船厂”，这次竞赛真题真做，场地条件相对复杂，既涉及滨水景观组织，露天矿坑生态修复及利用，也涉及工业遗产保护及城市更新，还涉及城市交通组织等课题，这对青年学生是重大挑战。

十九大报告指出，青年兴则国家兴，青年强则国家强。从这次竞赛提交的作品来看，青年学生思维活跃，创新性强，参赛学生在指导老师带领下提交的不少作品对场地把握较好，具有一定的参考价值。对西部诸校参赛师生参与南京的城市规划事业，表示衷心的感谢！

中国城市规划学会常务理事

南京市规划局局长